中巴经济走廊气象水文灾害风险评估

陶　辉　孙福宝　苏布达　姜　彤　著

科学出版社

北　京

内 容 简 介

本书系统梳理了中巴经济走廊地区暴雨、高温、低温、干旱及洪水灾害的致灾危险性、承灾体暴露度及孕灾环境脆弱性，完成了中巴经济走廊气象水文灾害单灾种风险评估和多灾种的综合风险评估。全书共分 9 章，第 1 章介绍气象水文灾害的研究背景、进展及本书研究内容；第 2 章介绍研究区概况、气象水文灾害特征及成因；第 3～7 章基于多源数据分别介绍中巴经济走廊暴雨、高温、低温、干旱、洪水五大灾种的时空变化及风险评估；第 8 章介绍中巴经济走廊气象水文灾害综合风险评估；第 9 章对未来中巴经济走廊气象水文灾害研究及防灾减灾提出建议。

本书可供气候变化、气象水文灾害风险评估相关领域的科研工作者、高等院校师生及国家和地方有关决策部门等参考。

审图号：GS（2023）3526 号

图书在版编目（CIP）数据

中巴经济走廊气象水文灾害风险评估/陶辉等著. —北京：科学出版社，2024.1

ISBN 978-7-03-076654-0

Ⅰ.①中… Ⅱ.①陶… Ⅲ.①气象灾害-风险评价-研究-中国、巴基斯坦 ②水灾-风险评价-研究-中国、巴基斯坦 Ⅳ.①P429 ②P426.616

中国国家版本馆 CIP 数据核字（2023）第 197297 号

责任编辑：王腾飞　沈　旭/责任校对：郝璐璐
责任印制：张　伟/封面设计：许　瑞

科 学 出 版 社 出版
北京东黄城根北街 16 号
邮政编码：100717
http://www.sciencep.com
河北鑫玉鸿程印刷有限公司 印刷
科学出版社发行　各地新华书店经销
*
2024 年 1 月第 一 版　开本：720×1000　1/16
2024 年 1 月第一次印刷　印张：13
字数：263 000
定价：198.00 元
（如有印装质量问题，我社负责调换）

前　　言

全球变暖背景下，暴雨、洪水、高温、干旱等极端天气气候事件频繁发生，全球及区域尺度上气象水文灾害的突发性和异常性愈发明显，风险进一步加剧。同时，随着全球化、信息化、网络化的快速发展，城市群迅猛发展，各类承灾体（人口、耕地、公路、房屋建筑等）暴露度、集中度大幅增加，灾害事件的复杂性、耦合性进一步加剧。鉴于此，开展区域气象水文灾害事件调查，客观认识气象水文灾害风险水平，为有效开展气象水文灾害防治、切实保障区域社会经济可持续发展提供灾害风险信息和科学决策依据迫在眉睫。

中巴经济走廊北接丝绸之路经济带，南连"21 世纪海上丝绸之路"，是"一带一路"建设的先行先试区、重中之重和旗舰项目，战略意义重大。受特殊的自然条件控制，中巴经济走廊地震、崩塌、滑坡、泥石流、堰塞湖、暴雨、洪水、干旱、寒潮、台风、沙尘暴等自然灾害广泛发育、活动性强、危害严重，是走廊建设与民生安全的重大威胁。随着中巴经济走廊建设的持续推进，更多的工程设施将在中巴经济走廊布局、规划与建设，在自然因素和人类活动扰动加强的作用下，气象水文灾害活动将呈现更为活跃的趋势，灾害风险的不断增大，对工程安全、民生保障及区域发展将造成持续影响。

在科技部科技基础资源调查专项（2018FY100501）、中国科学院国际合作局对外合作重点项目（131551KYSB20160002）和国家自然科学基金委员会与联合国环境规划署（NSFC-UNEP）国际合作项目（42261144002）的资助下，中国科学院新疆生态与地理研究所气象水文灾害风险评估团队在系统收集已有数据与成果的基础上，通过统计分析和数值模拟等多种技术手段，全面系统调查了中巴经济走廊气象水文灾害时空分布特征，完成了气象水文灾害（暴雨、高温、低温、干旱、洪水）的风险评估并提出了相应的防灾减灾建议。

本书的基本素材主要来自团队调查和研究成果，部分内容得到了中国科学院新疆生态与地理研究所高层次人才培育项目和中国科学院"西部之光"项目（2019-XBYJRC-001）的资助。

本书撰写过程中得到中国科学院新疆生态与地理研究所包安明研究员、Zeeshan Ahmed 博士，国家气候中心翟建青研究员，巴基斯坦气象局局长 Ghulam Rasul 博士，巴基斯坦国立科技大学 Muhammad Azmat 博士，福尔曼基督教学院

Uzma Hanif 副教授，南京信息工程大学王国杰教授、王艳君副教授，河海大学张增信教授，宁波大学高超教授，中国气象局乌鲁木齐沙漠气象研究所姚俊强研究员、陈静助理研究员，华北水利水电大学刘金平博士的支持和帮助。中国科学院新疆生态与地理研究所硕士研究生方泽华、魏亚斌，华中科技大学硕士研究生吴瑞英参与了部分章节图件的绘制，在此一并表示衷心感谢！

由于时间仓促，水平有限，书中不当之处在所难免，敬请专家学者和广大读者不吝赐教。

陶　辉

2022 年 12 月于新疆乌鲁木齐

目　　录

第 1 章　绪　　论

1.1　研究背景与意义

当前，世界正经历百年未遇之大变局，中国正处于中华民族伟大复兴进程的关键时刻。2013 年 9 月和 10 月，国家主席习近平分别提出"丝绸之路经济带"及"21 世纪海上丝绸之路"的合作倡议，即"一带一路"倡议[1]。"一带一路"倡议是新时代党中央、习近平总书记统筹国际国内形势做出的重大决策，事关"两个一百年目标"和中国梦的实现[2,3]。共建"一带一路"倡议是构建人类命运共同体的生动实践。截至 2023 年 7 月，全球超过四分之三的国家和 30 多个国际组织签署了合作文件。该区域主要处在环太平洋和北半球中纬度两大自然灾害带中，共建"一带一路"国家与地区地质构造复杂、地震活动频繁、地形高差大、侵蚀营力活跃、工程地质条件差，加之受季风气候控制、降水集中且强度高，地震、地质、气象、海洋等自然灾害极为发育，分布广泛，危害严重，这些灾害制约了共建"一带一路"国家与地区区域基础设施建设、资源开发和社会经济发展[4,5]。据国际灾害数据库统计，共建"一带一路"国家与地区的发展中国家灾害损失是全球平均值的 2 倍以上，因灾人员死亡率远高于全球平均水平，南亚、东南亚和非洲国家甚至是全球平均水平的 10 倍，是全球自然灾害损失最严重的地区。当前自然灾害呈现大规模、大范围、高发、群发，且复合、链生效应显著，风险持续增大等特点[6-8]。此外，突如其来的新冠疫情使未来发展的不确定性和不稳定因素进一步增加，风险挑战前所未有。风险防控与防灾减灾成为共建"一带一路"的大多数国家必须共同面对的重大民生与发展问题。

实际上，自 20 世纪中叶以来，全球气候变化导致的气象水文灾害（如暴雨、干旱、高温、洪水等）频繁发生，已经严重影响人类社会经济发展[7-13]。世界气象组织（WMO）公布的《2021 年全球气候状况》指出：2015~2021 年是有记录以来最热的七个年份；未来十年，后果更严重的极端天气现象可能会更早出现[14]。实际上，大量研究已经证实气象水文灾害的时空变化及其风险已经凸显。随着气象水文灾害的影响范围扩大和人口、经济总量的增长，各类承灾体的暴露度、集中度、脆弱性不断增大，多灾种集聚和灾害链特征日益突出，灾害风险的系统性、复杂性持续加剧。根据 2021 年 9 月世界气象组织（WMO）发布的《天气、气候和水极端事件造成的死亡人数和经济损失图集（1970～2019 年）》，过去 50 年全球报告的与天气、气候和水相关的灾害事件超过 1.1 万起，死亡人数超过 200 万，经济损失达 3.64 万亿美元。此外，这些灾害占所有灾害的 50%，死亡人数占 45%，经济损失占 74%。其中，超过 91% 的相关死亡发生在发展中国家。排名前十的灾害中导致人员伤亡最多的依次是干旱、风暴、洪水和极端气温[15]。另据慕尼黑再保险公司统计数据显示，2020 年全球自然灾害造成了 2100 亿美元的损失，其中气象水文灾害占比最大、增长趋势最明显。持续加剧的气象水文灾害风险已成为全球社会经济可持续发展面临的重大挑战[16]。世界经济论坛（WEF）2022 年初发布的《全球风险报告》也指出：在近五年的全球风险报告中，极端天气事件在发生可能性和影响程度上已经远远超过其他风险因素，成为影响人类社会最主要的风险因素[17]。因此，开展区域气象水文灾害研究，评估其风险刻不容缓。

中巴经济走廊（CPEC）是"一带一路"建设确定的六大经济走廊之一，北接"丝绸之路经济带"、南连"21 世纪海上丝绸之路"，在推进和深化中巴两国在能源、安全、经济等领域的合作实现发展战略的有效对接方面起到了至关重要的作用。2015 年，中巴关系由战略合作伙伴关系提升为全天候战略合作伙伴关系。其中，以中巴经济走廊建设为中心，以瓜达尔港、交通基础设施、能源、产业合作为重点，形成"1+4"合作布局，并初步制定了中巴经济走廊的远景规划[18]。2017 年 12 月，《中巴经济走廊远景规划（2017—2030 年）》正式发布，把中国"一带一路"倡议和巴基斯坦"愿景 2025"进行对接，重点向着互联互通、能源、经贸及产业园区等领域发展。作为"一带一路"建设规划的战略枢纽和先行先试区，中巴经济走廊位于东亚、南亚、中亚和中东的交会区域，该区域穿越青藏高原西缘，通过喜马拉雅、喀喇昆仑和兴都库什三大山系的交会区，地质构造活跃、地形高低悬殊、气候分异明显，气象、水文、地质等自然灾害较为频繁。其中，对社会经济发展影响较大的自然灾害主要有地震、高温热浪、干旱、暴雨洪水等。据英国维里斯科枫园（Verisk Maplecroft）风险管理公司最新评估：巴基斯坦在全球最易受自然灾害影响国家中位列第七，约 70% 的人口（1.36 亿）受自然灾害影响，其中近 1000 万人口受洪灾威胁[19]。政府间气候变化专门委员会（IPCC）最新发布的第六次评估报告（AR6）警告称，极端气候条件正在威胁南亚的粮食安全，干旱和洪水不断升级，使印度和巴基斯坦成为最容易受到气候变化影响的国家[20]。目前，随着双边关系的提升，中巴经济走廊建设已经迈入"快车道"并取得了阶段性成果，公路、铁路、油气和光缆通道等多方位建设齐头并进，在建项目、人口密度和单位面积国内生产总值（GDP）不断增加。然而，对中巴经济走廊的风险担忧也随之而来。实际上，中巴经济走廊面临的风险是全方位的，既包括宏观层面的政治、安全风险，也包括在建项目操作层面的运营、管理、商业法律风险等。而在全球变化背景下，气候因素的叠加将使该区域风险急剧增加。

2022 年，巴基斯坦多省份遭遇多轮暴雨侵袭，引发严重洪涝灾害（图 1-1）。根据 2022 年 10 月 8 日巴基斯坦国家灾害管理局（NDMA）发布的数据，自 6 月中旬至今，巴基斯坦因季风降雨已造成约 1696 人丧生、12867 人受伤，约 3300 万人受影响[21]。鉴于此，揭示该区域气象水文灾害的时空演变特征及风险，对有效应对特别是适应未来气候变化，具有十分重要的科学意义，同时也对国家"一带一路"倡议的顺利实施具有十分重要的现实意义。

图 1-1 巴基斯坦 2022 年洪灾（来源：法新社）

1.2 气象水文灾害研究进展

气象水文灾害是指因大气圈的气象要素、天气过程或水圈的水文要素及水文过程的异常变化给人类生产生活造成危害的自然灾害。狭义的气象水文灾害是指由气象水文要素直接造成人员伤亡与社会财产损失的原生灾害，如暴雨灾害、洪水灾害、高温灾害、低温雨雪冰冻灾害等。广义的气象水文灾害除了气象水文原牛灾害外还包括由气象水文原生灾害引发的次生灾害和衍生灾害，如雪崩、滑坡、泥石流、城市内涝、农业干旱、森林和草原火灾等[22]。

过去针对气象水文灾害的研究主要集中于灾害的自然因素分析，如气象水文灾害时空分布特征、形成机理、趋势预测等[23-26]，对风险评估研究相对较少。伴随着灾害研究和保险业的迅猛发展，国外灾害风险评估研究逐渐起步，早期研究主要针对工程项目，突出灾害发生的可能性研究[27]；到20世纪后半叶，随着研究的深入，越来越多地与社会经济条件分析紧密结合，自然灾害风险评估也由定性的评估逐渐转入定量或半定量的评估[28-31]。而国内该项研究起步较晚，在20世纪90年代参与"国际减灾十年"活动以来，自然灾害风险评估才得到了应有的重视，在地震、地矿、气象、农林、水利等领域展开，并开始不断涌现出研究成果[32-37]。然而，国内外以往的研究在自然灾害风险形成机理、评估方法及技术手段等方面仍未达成完全的共识[38]。有关气象水文灾害的风险评估仍处于萌芽阶段。气象水文灾害的防灾减灾、重大基础设施的规划和建设等亟须风险评估和区划成果作为科技支撑。

由孕灾环境、承灾体、致灾因子等要素组成的自然灾害系统，是一个相互作用的有机整体，揭示的是人类社会与自然的相互关系，承灾体可以影响孕灾环境，孕灾环境通过致灾因子影响承灾体，三者不仅存在因果关联，在时间、空间上也相互关联，密不可分[39,40]。而关于自然灾害风险机理的表达，1989年Maskrey[41]提出自然灾害风险是危险性与易损性之代数和；1991年联合国提出自然灾害风险是危险性与易损性之乘积，此观点的认同度较高，并有广泛的运用[42]。Smith[43]认为灾害风险等于灾害发生概率与易损度的乘积；Okada等[44]认为自然灾害风险由危险性、暴露性和脆弱性这三个因素相互作用形成；张继权等[45]则认为：自然灾害风险度=危险性×暴露性×脆弱性×防灾减灾能力，该观点也被引入近年的多种灾害风险评估。李大卫等[46]对其理论进行了更深一步的解读，认为致灾因子的危险性不仅与致灾因子的强度频率有关，也与孕灾环境的稳定性相关，人类社会（承灾体）影响孕灾环境，而致灾因子通过孕灾环境影响承灾体，影响程度的大小由承灾体自身的脆弱性决定，孕灾环境是其二者联系的桥梁，并认为这是一个相互关联、相互影响的过程。此外，还有一些研究认为，并不需要对风险评估的内涵做明确界定和划分，而是直接研究自然灾害的影响因子，并以此来构建综合风险评估的机理表达式[47]。

从科学层面，目前国际上已经对气象水文灾害问题开展了一系列评估，如政府间气候变化专门委员会（IPCC）的《管理极端事件和灾害风险、推进气候变化适应》特别报告（SREX）[48]和联合国减少灾害风险办公室（UNDRR）[49]。其中，特别报告（SREX）突出了极端气候事件在气候变化研究中的重要地位，提出了基于极端气候事件危险性、暴露度和脆弱性的灾害风险评估框架。特别报告（SREX）评估了天气和气候事件的暴露度和脆弱性如何决定灾害（灾害风险）的影响及其发生的可能性，认为极端事件影响的严重性不仅取决于极端事件本身，还取决于承载体的暴露度和脆弱性，两者是灾害风险的主要决定因素（图1-2）。同时，该报告评估了自然气候变化和人为气候变化对导致灾害的极端气候及其他天气和气候事件的影响，以及对人类社会和自然生态系统的暴露度和脆弱性的影响。此外，报告还研究了发展在暴露度和脆弱性变化趋势中的作用、对灾害风险的潜在影响，以及灾害与发展之间的相互作用，并指出管理灾害风险和适应气候变化主要是减少暴露度和脆弱性及提高对各种潜在极端气候不利影响的应变能力。

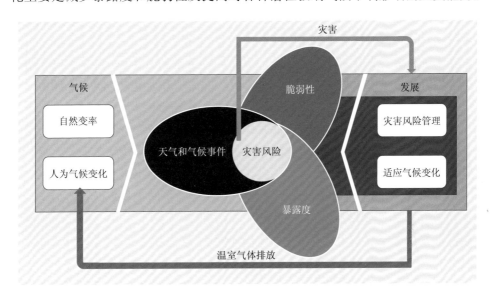

图 1-2　SREX 报告核心概念示意图

从政策层面，风险和风险管理作为深入认识灾害的途径和有效防控灾害的手段，实际上很早就引起了国内外防灾减灾领域的普遍关注，尤其是 20 世纪 90 年代以来，气象水文灾害风险评估在防灾减灾中的作用和地位日益凸显。在 2010 年底的联合国坎昆气候变化大会上，各国政府在以应对气象水文灾害、加强风险管理为核心的适应气候变化问题上达成共识，把气象水文灾害脆弱性评估、建立灾害性事件早期预警系统和加强风险评估作为首要任务。近年来，风险评估理论日趋成熟，但灾害风险评估却相对滞后，在全球变化背景下自然灾害风险逐年增大，防灾减灾、重大基础设施规划建设等亟须风险评估和区划成果。

　　灾害风险是致灾因子、暴露度和脆弱性的集合，致灾因子的严重程度、暴露度和脆弱性都会产生影响，当不利影响造成大范围破坏并引起区域或社会的运行出现严重失常的时候，这些影响被视为"灾害"。亚洲开发银行发布的《亚太地区与气候相关的灾害》报告利用灾害风险模型模拟了人口暴露度、人群脆弱性、灾害（与气候变化有关）风险三者之间的关系，模拟结果表明：灾害风险与人口暴露度之间存在显著的相关关系，人口脆弱性也是灾害风险的重要影响因素[50]。其中，暴露度是指人类及与其有关的环境、资源、社会和经济等处于危险的最大范围。对于暴露度的理解，不同学者持有不同观点。部分学者认为，暴露度是脆弱性不可分割的三大要素之一，研究认为脆弱性应该从暴露度、敏感性和适应能力三个要素入手；还有学者认为，暴露度与风险有关，与致灾因子危险性、脆弱性并列，都是组成评估灾害风险的要素之一[51-53]。

　　目前，针对暴露度的研究主要从人口、基础设施、资源环境等承灾体方面入手。对于暴露度的研究方法主要有两种：一种是通过构建指标体系，用权重的方法来评估历史或未来极端事件的暴露度。如高超等[54]基于全球潮汐和浪涌再分析数据，从人口、经济和土地利用数据等方面构建暴露度指标体系，采用层次分析法和熵值法计算指标权重，分析在海平面上升风险下中国沿海地区人口和经济的暴露度，结果表明暴露度等级最高的城市是广州。赵佳琪等[55]选取人口、耕地和牧草地面积为暴露度指标，以灾情与各指标值的多元线性拟合确定指标权重进行承灾体暴露度分析，定量评估我国旱灾风险。指标评价法较易建立，适用范围较广。但目前不同承灾体的暴露度缺乏统一的指标体系，指标体系之间差异较大且不同指标体系适用的尺度、范围都是指标评价法需要去验证的问题。另一种方法是以致灾因子与承灾体的统计关系来表示暴露度。如王艳君等[56]以各省人口密度代表暴雨洪涝灾害范围下人口暴露度，研究发现人口脆弱性明显增大的地区主要处于长江中游的相关省份。张蕾等[57]选用栅格高温日数与人口数量的乘积为指标，发现高温日数变化会对人口暴露度产生较大影响。李柔珂等[58]基于 RCP4.5（中等温室气体排放）情景下 5 个全球模式模拟结果及社会经济路径（SSP2）下的 GDP 和人口密度数据，对 21 世纪京津冀地区未来不同时段的 GDP 和人口暴露度进行多模式集合预估，结果表明 21 世纪京津冀地区的 GDP 暴露度区域平均值持续增加，21 世纪末期多年平均值约为参照时段的 58.9 倍；人口暴露度区域平均值在 21 世纪中期达到最大；GDP 和人口暴露度的变化主要取决于非线性因子。景丞等[59]假定人口维持在 2010 年的水平，探讨了中国区域极端降水事件下人口暴露度时空演变特征。值得一提的是，目前对于极端事件的暴露度预估研究已逐渐倾向于采用动态承灾体数据。如 Zhang 等[60]利用参加第五次耦合模式比较计划（CMIP5）的多模式气候预估数据，结合不同共享社会经济路径（SSP）下的人口预估数据，研究了不同温升目标情景下全球陆地季风区极端降水的变化及其对人口的影响，结果表明强度极强且影响力高的"危险"极端事件的暴露度将随温升而增加。Wen 等[61]发现全球温升 1.5℃，SSP1 与 SSP4 路径下，印度河流域干旱人口暴露度分别为 1.1 亿人与 1.3 亿人，而温升 2.0℃，SSP2、SSP3 与 SSP5 路径下的干旱人口暴露度分别为 1.4 亿人、1.6 亿人和 1.2 亿人。不同类型的干旱暴露度中，暴露在极端干旱事件下的人口占比增长显著，而中度干旱和重度干旱的人口暴露度占比不断下降。

自然灾害是社会和自然综合作用的产物，灾害作用于人类社会产生灾难，灾情的大小由致灾因子、孕灾环境和承灾体脆弱性共同决定。其中，脆弱性概念最早于 20 世纪 70 年代被引入自然灾害研究领域，它是联系致灾因子和承灾体的重要桥梁，其定量化研究是自然灾害风险评估的重要环节。风险研究的基本理论表明，极端气候事件并不必然导致灾害，而是与脆弱性和暴露程度叠加之后产生灾害风险。根据史培军等提出的区域灾害系统理论，灾害系统是由孕灾环境、致灾因子、承灾体与灾情共同组成且具有复杂特性的地球表层变异系统（图 1-3）。该系统的功能体系是由孕灾环境的敏感性、致灾因子的危险性和承灾体的脆弱性共同构建的。孕灾环境的稳定性或敏感性决定了灾害产生的频度和强度；致灾因子的危险性反映出强度大小对承灾体的危害程度；承灾体的脆弱性反映出致灾与成害的关系，这与承灾体的综合风险防范能力有关[62]。

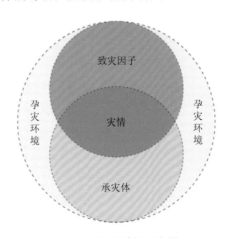

图 1-3 灾害系统示意图

脆弱性定量化评估方法大致包括基于指标体系的方法和基于历史灾情的方法。基于指标体系的方法更加强调人类自身抵御灾害的社会经济属性，例如由美国哥伦比亚大学与美洲开发银行合作的美洲计划,构建了普适脆弱性指数(PVI),该指数包括暴露度和敏感度、社会-经济脆弱性、恢复力三个次级指标。Cutter 和Finch[63]在系统分析社会脆弱性影响因素的基础上,构建了社会脆弱性指数(SoVI)并分析了美国北卡罗来纳州等地区的自然灾害社会脆弱性。国内学者也开展了大量相关研究,史培军等[64]在初步构建脆弱性理论体系的基础上,对区域洪水灾害脆弱性进行了定量化评估研究;石勇[65]以上海市为例开展了洪涝等灾害情景下城市脆弱性的定量化评估研究。在脆弱性机制和原理不完全明了的情况下,基于指标体系的方法是脆弱性评估较为常用的方法。但这类方法在不同空间尺度应用时,由于数据有效性的差异,评估结果的可比性会受到影响,同时,脆弱性评估结果的有效性检验也是这类研究中的难点[66]。基于历史灾情的脆弱性定量化研究,则更加侧重于承灾体对破坏和伤害的敏感性,常用损失量或损失率来表示。这类方法根据历史数据进行死亡率、经济损失率等的计算,进而综合体现宏观区域的脆弱性。全球尺度的灾害风险指标(DRI)计划、多发区指标计划(Hotspots)和美洲计划(American Programme)是其中较具代表性的工作[67]。基于历史灾情的脆弱性定量化研究方法数据获取较为方便,并具有较好的区域可比性。作为定量精确评估承灾体脆弱性的方法,脆弱性曲线近年来在多领域被广泛运用,成为灾情估算、风险定量分析及风险地图编制的关键环节[68]。脆弱性曲线可以用来表示不同灾种的强度与其相应损失(率)之间的关系,该曲线的建立有利于将致灾因子与承灾体相联系,从人地相互作用的角度认识灾难本质,它不仅是自然灾害损失估算的重要途径,还是风险定量化评估的基础性工作[69]。在极端降水研究方面,欧美、澳大利亚及日本等国家和地区由于有长达上百年详细程度高的洪水灾害数据资料,因此,形成了详细的用于估算不同空间尺度洪水灾害损失标准的损失曲线(stage-damage curves)或损失函数(loss functions)[70]。中国在这方面的工作仍处于起步阶段,城市洪灾方面的脆弱性曲线研究尚不多见,这些研究的多数又以上海、浙江等南部城市为例构建脆弱性曲线[71,72]。在高温脆弱性评估方面,Yang 等[73]利用 28 个全球气候模式模拟数据、2 种典型浓度路径(RCP)、5 种共享社会经济路径下的年龄结构,采用国际通用的分布滞后非线性模型,对未来高温对我国 161 个区县人群死亡风险进行脆弱性评估发现:高温相关的超额死亡率预计将从 21 世纪 10 年代的 1.9%增加到 21 世纪 30 年代的 2.4%和 21 世纪 90 年代的 5.5%,且预计中国南部、东部、中部和北部的斜率更为陡峭。患有心肺疾病的人、女性、老年人和受教育程度低的人可能受到更大的影响。在不同的共享社会经济路径(SSP)下,人口老龄化使未来与高温相关的超额死亡增加 2.3~5.8 倍,特别是在东北地区。在干旱研究方面,苏布达等[74]运用 22 个大气环流模式

（GCM）计算了标准化降水蒸散发指数（SPEI）、Palmer 干旱指数（PDSI）和标准化降水指数（SPI）等多种干旱指数，识别了中国干旱事件的强度、暴露面积和事件持续时间；在 SSP 社会经济预测的基础上，充分考虑经济社会发展适应能力的提升，构建了中国 31 个省份与适应能力相适应的强度-损失脆弱性曲线并在可持续路径（SSP1）、中间路径（SSP2）、区域竞争路径（SSP3）、不均衡路径（SSP4）和以化石燃料为主的发展路径（SSP5）五种共享社会经济路径情景下，科学评估了不同温升情景下干旱带来的经济损失及损失相当于年度 GDP 的比重情况。研究发现：全球升温 1.5℃和 2.0℃，干旱事件强度和影响范围比当前现状均呈现增加趋势。未来损失大幅度增加不仅是干旱事件的强度、暴露面积和事件持续时间的增加造成的，更是社会经济干旱暴露度和脆弱性增加的后果。全球温升控制在 1.5℃，中国将会减少数千亿元人民币的经济损失。

总体来看，目前各种单一致灾因子的风险研究较为常见而且已经取得了大量成果。然而，一个区域往往受到多种致灾因子的共同影响，单灾种风险评估并不足以反映该地区的综合风险。从多灾种角度分析不同灾种的贡献率，不仅有利于理解各类灾害的时空分布特点及致灾机制，而且有利于确定未来减轻风险的优先领域[64,75]。综合自然灾害风险评估问题的核心在于如何从单灾种风险评估到综合自然灾害风险评估[64]。目前，已有的大尺度的综合自然灾害风险研究多采用加权综合评价法[28,76,77]。因此，如何确定一套符合客观灾情的综合自然灾害风险加权权重，是大尺度综合风险评估的关键。

1.3 中巴经济走廊气象水文灾害风险评估框架

在全球气候变暖背景下，气象水文灾害对社会、经济的影响越来越广泛，造成的损失也越来越大，应对气象水文灾害的风险评估已成为适应气候变化研究的重要内容。精准识别对社会经济发展及人类福祉安康有重要影响的气象水文灾害事件是科学评估气象水文灾害风险的重要工作基础，也是制定重大气象水文灾害社会防御标准的依据。针对中巴经济走廊气象水文灾害特点，通过资料收集、野外调查、数值模拟等手段，调查气象水文灾害（干旱、洪水、暴雨、高温、低温）事件时空分布特征，同时基于中巴经济走廊地区 1961～2015 年逐日气象水文数据（降水、最高气温、最低气温、径流）、逐月 SPEI 栅格数据、中巴经济走廊基础地理信息数据[数字高程模型（DEM）、河流、水系、道路、植被、土壤湿度等]及承灾体数据（人口、耕地、GDP），开展了如下三方面的研究。

1.3.1 中巴经济走廊气象水文灾害分布特征调查

基于野外考察、历史资料和遥感解译分析,调查了中巴经济走廊全域气象水文灾害孕灾环境因子(地质、地貌、气候、水文、土地利用/覆被等)现状及变化;基于 1961~2015 年中巴经济走廊气象水文数据,辨识了各灾种(暴雨、干旱、洪水、高温、低温)的时空演变特征(重现期、强度、影响面积、发生位置、持续时间等)及其与环境背景因子间的关系,构建了中巴经济走廊气象水文灾害孕灾条件基础数据及系列图件。

1.3.2 中巴经济走廊气象水文灾害事件识别

根据中巴经济走廊气象水文灾害多时空尺度分布特征,将不同时间尺度和面积上达到一定强度的事件定义为灾害事件,并考虑气象水文灾害事件的发生、发展、消退过程及其时空上的关联性,对 1961~2015 年中巴经济走廊区域性暴雨、干旱、高温、低温及洪水事件时空演变特征进行辨识。

1.3.3 中巴经济走廊气象水文灾害风险评估

基于 IPCC 提出的极端天气气候事件危险性、暴露度和脆弱性的"H-E-V"灾害风险评估框架和格网化的中巴经济走廊社会经济数据,采用多种权重计算方法开展了中巴经济走廊气象水文灾害风险评估;基于全球气候模式预估数据,结合 SSP 下该地区承灾体预估数据,开展了中巴经济走廊地区气象水文灾害的风险预估(图 1-4),为该地区适应和降低气象水文灾害带来的风险提供了科学依据。

针对上述研究内容,各灾种的风险评估基本思路主要有以下几点:①确定气象水文灾害评估的主要内容——致灾因子危险性、承灾体暴露度和脆弱性,并选择三者相应的指标,确定各指标的权重;②收集中巴经济走廊地区重大气象水文灾害事件及灾情数据,建立气象水文灾害数据库;③构建气象水文灾害的危险性、暴露度及脆弱性评估模型,开展各灾种的风险评估,其中洪水灾害还采用 FloodArea 水动力模型开展暴雨洪水过程的淹没模拟,并进行淹没风险评估。

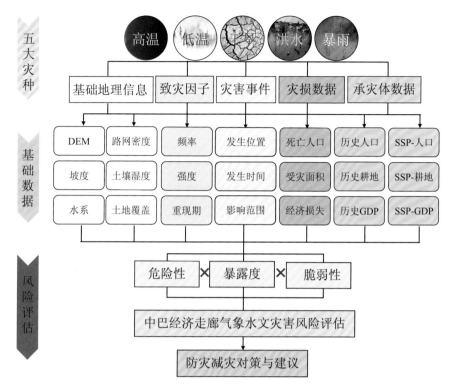

图 1-4 中巴经济走廊气象水文灾害风险评估框架

参 考 文 献

[1] 杨涛, 郭琦, 肖天贵. "一带一路"沿线自然灾害分布特征研究[J]. 中国安全生产科学技术, 2016, 12(10): 165-171.

[2] 葛永刚, 崔鹏, 陈晓清. "一带一路"防灾减灾国际合作的战略思考[J]. 科技导报, 2020, 38(16): 29-34.

[3] 崔鹏, 邹强, 陈曦, 等. "一带一路"自然灾害风险与综合减灾[J]. 中国科学院院刊, 2018, 33(Z2): 38-43.

[4] 孔锋, 吕丽莉, 王志强, 等. 关注丝路自然灾害风险共建安全 "一带一路" 建设[C]. 第十三届中国软科学学术年会论文集, 2017: 17-22.

[5] Ascensão F, Fahrig L, Clevenger A P, et al. Environmental challenges for the Belt and Road Initiative[J]. Nature Sustainability, 2018, 1: 206-209.

[6] Chen F, Shaw R, Abedin M A, et al. Challenges of disaster risk reduction in the Belt and Road: Contribution of DBAR[J]. Bulletin of Chinese Academy of Sciences, 2017, 32(Z1): 52-61.

[7] 刘哲, 张鹏, 刘南江, 等. "一带一路"中国重点区域自然灾害特征分析[J]. 灾害学, 2018, 33(4): 65-71.

[8] 王紫薇, 蔡红艳, 段兆轩, 等. "一带一路"沿线地区自然灾害危险性与灾损空间格局研究[J]. 地理研究, 2022, 41(7): 2016-2029.

[9] Pichsmadruga R, Sokona Y, Farahani E, et al. Climate Change 2014: Mitigation of Climate Change[M]. Cambridge: Cambridge University Press, 2014.

[10] 王会军. "一带一路"区域气候变化灾害风险[M]. 北京: 气象出版社, 2021.

[11] Murali G, Iwamura T, Meiri S, et al. Future temperature extremes threaten land vertebrates[J]. Nature, 2023, 615: 461-467.

[12] Lesk C, Rowhani P, Ramankutty N. Influence of extreme weather disasters on global crop production[J]. Nature, 2016, 529: 84-87.

[13] United Nations Office for Disaster Risk Reduction. Global Assessment Report on Disaster Risk Reduction 2019[R]. ISBN/ISSN/doi:978-92-1-004180-5, 2019.

[14] World Meteorological Organization. State of the Global Climate 2021[R]. WMO-No. 1290, Geneva, Switzerland: WMO, 2021.

[15] World Meteorological Organization. Atlas of Mortality and Economic Losses from Weather, Climate and Water Extremes (1970–2019) [R]. WMO-No. 1267, Geneva, Switzerland: WMO, 2021.

[16] Munich Re. Group Annual Report 2020[R]. München, Germany, 2021.

[17] World Economic Forum. The Global Risks Report 2022[R]. Geneva, Switzerland: WEF, 2022.

[18] 臧秀玲, 朱逊敏. 中巴经济走廊的战略价值及面临的挑战[J]. 理论视野, 2017, 2: 72-76.

[19] Nichols W. Environmental Risk Outlook 2022[R]. London: Verisk Maplecroft, 2022.

[20] IPCC. Climate Change 2022: Mitigation of Climate Change[R]// Shukla P R, Skea J, Slade R, et al. Contribution of Working Group III to the Sixth Assessment Report of the Intergovernmental Panel on Climate Change. Cambridge: Cambridge University Press, 2022.

[21] NDMA. Message from the prime minister of the Islamic Republic of Pakistan on the occasion of "National Resilience Day"[EB/OL]. (2022-10-08). http://cms.ndma.gov.pk/news.

[22] 姜彤, 王艳君, 翟建青. 气象灾害风险评估技术指南[M]. 北京: 气象出版社, 2018.

[23] Battisti D S, Naylor R L. Historical warnings of future food insecurity with unprecedented seasonal heat[J]. Science, 2009, 323: 240-244.

[24] Dai A. Increasing drought under global warming in observations and models[J]. Nature Climate Change, 2012, 3: 52-58.

[25] Fischer E, Knutti R. Anthropogenic contribution to global occurrence of heavy-precipitation and high-temperature extremes[J]. Nature Climate Change, 2015, 5: 560-564.

[26] Liu Y, Cai W, Lin X, et al. Increased extreme swings of Atlantic intertropical convergence zone in a warming climate[J]. Nature Climate Change, 2022, 12: 828-833.

[27] Gabriele C H, Solomon S. Risks of climate engineering[J]. Science, 2009, 325(5943): 955-956.

[28] Gill J C, Malamud B D. Reviewing and visualizing the interactions of natural hazards[J]. Reviews of Geophysics, 2014, 52(4): 680-722.

[29] Shroder J F, Paron P, Baldassarre G D. Hydro-Meteorological Hazards, Risks and

Disasters[M]. Amsterdam: Elsevier, 2015.

[30] Cutter S L. The vulnerability of science and the science of vulnerability[J]. Annals of the Association of American Geographers, 2003, 93(1): 1-12.

[31] Harrington L J, Schleussner C F, Otto F E L. Quantifying uncertainty in aggregated climate change risk assessments[J]. Nature Communications, 2021, 12: 7140.

[32] 黄蕙, 温家洪, 司瑞洁, 等. 自然灾害风险评估国际计划述评 II——评估方法[J]. 灾害学, 2008, 23(3): 96-101.

[33] 刘希林, 尚志海. 自然灾害风险主要分析方法及其适用性述评[J]. 地理科学进展, 2014, 33(11): 1486-1497.

[34] 李卫江, 温家洪. 自然灾害社会经济影响与风险评估[M]. 北京: 气象出版社, 2020.

[35] 贺帅, 杨赛霓, 汪伟平, 等. 中国自然灾害社会脆弱性时空格局演化研究[J]. 北京师范大学学报(自然科学版), 2015, 51(3): 299-305.

[36] 吴绍洪, 高江波, 邓浩宇, 等. 气候变化风险及其定量评估方法[J]. 地理科学进展, 2018, 37(1): 28-35.

[37] 宋善允, 张守保. 气象灾害风险评估与区划[M]. 北京: 气象出版社, 2019.

[38] 巫丽芸, 何东进, 洪伟, 等. 自然灾害风险评估与灾害易损性研究进展[J]. 灾害学, 2014, 29(4): 129-135.

[39] Shi P J. Hazards, Disasters, and Risks[M]//Disaster Risk Science. Singapore: Springer, 2019.

[40] 郑菲, 孙诚, 李建平. 从气候变化的新视角理解灾害风险、暴露度、脆弱性和恢复力[J]. 气候变化研究进展, 2012, 8(2): 79-83.

[41] Maskrey A. Disaster Mitigation: A Community Based Approach[M]. Oxford, England: Oxfam G B, 1989.

[42] United Nations Department of Humanitarian Affairs. Mitigating Natural Disasters: Phenomena, Effects and Options: A Manual for Policy Makers and Planners[M]. New York: United Nations, 1991: 1-164.

[43] Smith K. Environmental Hazards: Assessing Risk and Reducing Disaster[M]. London: Routledge, 1996.

[44] Okada N, Tatano H, Hagihara Y, et al. Integrated research on methodological development of urban diagnosis for disaster risk and its applications[J]. Annuals of Disaster Prevention Research Institute, Kyoto University, 2004, 47: 1-8.

[45] 张继权, 张会, 冈田宪夫. 综合城市灾害风险管理: 创新的途径和新世纪的挑战[J]. 人文地理, 2007, 22(5): 19-23.

[46] 李大卫, 石树中, 杨福平, 等. 自然灾害风险评估综述[J]. 价值工程, 2014, 26: 322-325.

[47] 张丽, 李广杰, 周志广, 等. 基于灰色聚类的区域地质灾害危险性分区评价[J]. 自然灾害学报, 2009, 18(1): 164-168.

[48] Cardona O D, van Aalst M K, Birkmann J, et al. Determinants of Risk: Exposure and Vulnerability[R]//Field C B, Barros V, Stocher T F, et al. Managing the Risks of Extreme Events and Disasters to Advance Climate Change Adaptation. A Special Report of Working

Groups I and II of the Intergovernmental Panel on Climate Change (IPCC). Cambridge: Cambridge University Press, 2012: 65-108.

[49] United Nations Office for Disaster Risk Reduction. UNISDR Strategic Framework 2016-2021[R]. Geneva, Switzerland: UNDRR, 2017: 13.

[50] Thomas V, Albert J R, Perez R. Climate-related Disasters in Asia and the Pacific[R]. Manila, Philippines: Asian Development Bank, 2013.

[51] 黄全义, 钟少波, 孙超. 灾害性气象事件影响预评估理论与方法[M]. 北京: 科学出版社, 2017.

[52] Carrão H, Naumann G, Bardosa P. Mapping global patterns of drought risk: An empirical framework based on sub-national estimates of hazard, exposure and vulnerability[J]. Global Environmental Change, 2016, 39: 108-124.

[53] Kunreuther H, Heal G, Allen M, et al. Risk management and climate change[J]. Nature Climate Change, 2013, 3: 447-450.

[54] 高超, 汪丽, 陈财, 等. 海平面上升风险中国大陆沿海地区人口与经济暴露度[J]. 地理学报, 2019, 74(8): 1590-1604.

[55] 赵佳琪, 张强, 朱秀迪, 等. 中国旱灾风险定量评估[J]. 生态学报, 2021, 41(3): 1021-1031.

[56] 王艳君, 高超, 王安乾, 等. 中国暴雨洪涝灾害的暴露度与脆弱性时空变化特征[J]. 气候变化研究进展, 2014, 10(6): 391-398.

[57] 张蕾, 黄大鹏, 杨冰韵. RCP4.5 情景下中国人口对高温暴露度预估研究[J]. 地理研究, 2016, 35(12): 2238-2248.

[58] 李柔珂, 韩振宇, 徐影, 等. 高分辨率区域气候变化降尺度数据对京津冀地区高温 GDP 和人口暴露度的集合预估[J]. 气候变化研究进展, 2020, 16(4): 491-504.

[59] 景丞, 姜彤, 王艳君, 等. 中国区域性极端降水事件及人口经济暴露度研究[J]. 气象学报, 2016, 74(4): 572-582.

[60] Zhang W, Zhou T, Zou L, et al. Reduced exposure to extreme precipitation from 0.5℃ less warming in global land monsoon regions[J]. Nature Communications, 2018, 9: 3153.

[61] Wen S, Wang A, Tao H, et al. Population exposed to drought under the 1.5℃ and 2.0℃ warming in the Indus River Basin[J]. Atmospheric Research, 2019, 218: 296-305.

[62] Shi P, Ye T, Wang Y, et al. Disaster risk science: a geographical perspective and a research framework[J]. International Journal of Disaster Risk Science, 2020, 11: 426-440.

[63] Cutter S L, Finch C. Temporal and spatial changes in social vulnerability to natural hazards[J]. PNAS, 2008, 105(7): 2301-2306.

[64] 史培军, 孔锋, 叶谦, 等. 灾害风险科学发展与科技减灾[J]. 地球科学进展, 2014, 29(11): 1205-1211.

[65] 石勇. 灾害情景下城市脆弱性评估研究——以上海市为例[D]. 上海: 华东师范大学, 2010.

[66] 杨飞, 马超, 方华军. 脆弱性研究进展: 从理论研究到综合实践[J]. 生态学报, 2019, 39(2): 441-453.

[67] 黄蕙, 温家洪, 司瑞洁, 等. 自然灾害风险评估国际计划述评 I——指标体系[J]. 灾害学,

2008, 23(2): 112-116.

[68] 徐伟, 刘凯, 李碧雄, 等. 多灾种重大自然灾害承灾体脆弱性评估: 指标、方法与结果[J]. 中国减灾, 2022, (7): 16-18.

[69] 周瑶, 王静爱. 自然灾害脆弱性曲线研究进展[J]. 地球科学进展, 2012, 27(4): 435-442.

[70] Smith D I. Flood damage estimation-A review of urban stage-damage curves and loss functions[J]. Water SA, 1994, 20(3): 231-238.

[71] 殷杰, 尹占娥, 于大鹏. 等. 风暴洪水主要承灾体脆弱性分析——黄浦江案例[J]. 地理科学, 2012, 32(9): 1155-1160.

[72] 权瑞松. 基于情景模拟的上海中心城区建筑暴雨内涝脆弱性分析[J]. 地理科学, 2014, 34(11): 1399-1403.

[73] Yang J, Zhou M, Ren Z, et al. Projecting heat-related excess mortality under climate change scenarios in China[J]. Nature Communications, 2021, 12(1): 1039.

[74] Su B D, Huang J L, Fischer T, et al. Drought losses in China might double between the 1.5℃ and 2.0℃ warming[J]. PNAS, 2018, 115(42): 10600-10605.

[75] 明晓东, 徐伟, 刘宝印, 等. 多灾种风险评估研究进展[J]. 灾害学, 2013, 28(1): 126-132.

[76] 孔锋. 透视大尺度综合自然灾害风险评估的主要进展和展望[J]. 灾害学, 2020, 35(2): 148-153.

[77] 孔峰. 气候变化视域下综合灾害风险防范的理论与实践[M]. 北京: 应急管理出版社, 2022.

第2章　中巴经济走廊概况

2.1　自然地理特征

中巴经济走廊位于南亚西北部（23°47′～41°55′N、60°20′～80°16′E），面积约为 132 万 km²，北起中国喀什、南至巴基斯坦瓜达尔港，全长超过 3000 km，北接"丝绸之路经济带"、南连"21 世纪海上丝绸之路"，是"一带一路"建设规划中贯通南北丝路的战略枢纽、样板工程和旗舰项目（图 2-1）[1]。该地区沿线穿越喀喇昆仑山、喜马拉雅山与兴都库什山三大山系交会区和帕米尔高原、印度河–

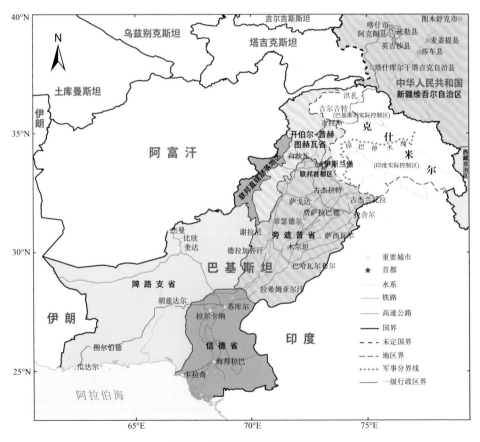

图 2-1　中巴经济走廊示意图

恒河平原接合部，地势北高南低，地形地貌复杂，地质构造活跃，垂直地带分明，是全球气候变化最为敏感和复杂的地区[2]。

特殊的自然环境和多变的气候条件，使得中巴经济走廊地区具有气象、水文、地质等自然灾害多、规模大、频度高、分布广的特点，对工程建设和运营威胁巨大，严重制约了沿线区域基础设施建设、资源开发及社会经济发展[3,4]。

中巴经济走廊大致分为四大地理区：帕米尔高原、北部山区、俾路支高原、印度河平原（包括旁遮普省和信德省）。

帕米尔高原："帕米尔"是塔吉克语"世界屋脊"的意思，帕米尔高原地处欧亚大陆腹地，横跨中国、塔吉克斯坦和阿富汗三国，面积超过 10 万 km²，在古代被称作"葱岭"，是古丝绸之路的必经之地。它是亚洲主要山脉的汇集处，喜马拉雅山脉、昆仑山脉、喀喇昆仑山脉、兴都库什山脉和天山山脉在此交会形成巨型"山结"，因此也被称为"万山之源"，平均海拔超过 4500 m，是印度河、阿姆河、塔里木河、叶尔羌河、喀什噶尔河等众多河流的发源地[5]。由于印度洋的湿润气流和北冰洋的寒冷气流难以到达，该地区形成干旱炎热的暖温带荒漠景观（图 2-2）。在帕米尔高原的冰川区，年降水量最高可达 2000 mm[6]。山区的冰雪融水给绿洲的开发创造了条件，发源于乔戈里峰的叶尔羌河和发源于帕米尔与北部天山支脉阿里山的喀什噶尔河下游形成较集中的叶尔羌和喀什噶尔两大著名绿洲，其中叶尔羌绿洲是新疆最大绿洲。

北部山区：该地区位于帕米尔高原以南，属于兴都库什山、喀喇昆仑山和喜马拉雅山地区，包括吉尔吉特-巴尔蒂斯坦①，总面积 72 520 km²，该地区毗邻阿富汗瓦罕走廊，与新疆塔什库尔干塔吉克自治县接壤，南临自由克什米尔地区②，西临开伯尔-普赫图赫瓦省。世界上 14 座海拔 8000 m 以上的山峰在该地区就有 4 座，如世界第二大峰——乔戈里峰（8611 m）、世界第九大峰——南迦帕尔巴特峰（8125 m），另有 50 座山峰海拔超过 6500 m。还有 5 条长度超过 50 km 的冰川[7]。雪山下的罕萨（Hunza，也译洪扎）河谷具有丰富的旅游资源，也是世界五大长寿之乡之一（图 2-3）。

由于海拔高、山脉多，北部山区交通比较闭塞。20 世纪 80 年代以前，与中国接壤的吉尔吉特-巴尔蒂斯坦地区基本处于与世隔绝的状态。1965 年，各方计划修建喀喇昆仑公路（KKH）。次年，这条国际公路在帕米尔高原破土动工。喀喇昆仑公路全长 1032 km，是北部山区通往巴基斯坦首都伊斯兰堡及南部沿海地

---

① 吉尔吉特-巴尔蒂斯坦地区为克什米尔巴基斯坦实际控制区内的争议地区。
② 自由克什米尔地区为克什米尔巴基斯坦实际控制区内的争议地区。

图 2-2　帕米尔高原景观

图 2-3　北部山区景观

区的交通要道，也是中国通往巴基斯坦及巴南部港口卡拉奇、南亚次大陆、中东地区的唯一陆路通道，具有重要的战略和军事意义。但由于沿途地质灾害严重，气候条件恶劣，滑坡、崩塌、雪崩、堰塞湖、泥石流等时有发生，基础设施经常遭到破坏，通行条件极其恶劣[8]。2006 年，各方计划改扩建喀喇昆仑公路。2008 年，喀喇昆仑公路改扩建项目一期工程正式启动，由中国路桥工程有限公司负责实施，项目南起雷科特桥，北至红其拉甫口岸，全长 335 km。目前，喀喇昆仑公路二期（赫韦利扬至塔科特段）改扩建工程已于 2020 年完工并正式移交巴基斯坦国家公路局（NHA）。

俾路支高原： 俾路支高原是巴基斯坦西部高原，它是伊朗高原的一部分，东起苏莱曼与基尔塔尔两山脉，北至古马勒河，南部濒临阿拉伯海长约 1000 km 的近海地带，称作"莫克兰"[9]。俾路支高原面积为 34 万 km^2，超过全巴国土面积的 40%。该地区气候炎热干燥，植被稀疏，人口稀少，为游牧民族聚居地（图 2-4）。农作物有小麦、大麦、小米等。俾路支高原水资源匮乏但矿产资源丰富，有天然气、煤、铬、铁、硫黄等，巴基斯坦九大成矿区有五个分布在该地区，其中苏伊天然气田是世界十大天然气田之一，产量占巴基斯坦全国的 45%。

图 2-4 俾路支高原、欣戈尔国家公园、瓜达尔港和奎达市

印度河平原：世界上最大冲积平原之一，面积 26.6 万 km²，约占巴基斯坦国土面积的 1/3，其中塔尔沙漠面积约 8 万 km²。由亚洲南部喜马拉雅山麓延伸至阿拉伯海，南北长 1280 km，东西宽 320～560 km。习惯上以北纬 29°线分上、下印度河平原，前者即旁遮普平原，后者即信德平原和三角洲地区。印度河平原地势平坦广阔，冲积层达 300 m，是巴基斯坦经济、文化中心地区，也是印度文明的发源地，灌溉农业发达（图 2-5），是巴基斯坦主要人口聚集区之一，盛产小麦、水稻、棉花等。该地区拥有世界上最大的人工灌溉系统，即印度河平原灌溉系统，有科特里、苏库尔、古杜、当萨、真纳等大型水利灌溉工程[10]。该灌溉系统覆盖面积 1430 万 hm²，包括三大水库（德尔贝拉 Tarbela、门格拉 Mangla、恰希玛 Chashma）、23 个堰坝、12 条内河渠道和 45 条运河航道。但由于水库淤积，库容量一般只有 9%，与 40%的世界平均水平存在较大差距。尽管该地区灌溉系统完善，但灌溉过程中水资源浪费较为严重[11]。

图 2-5　印度河平原灌渠、卡拉奇市、卡西姆港燃煤电站和塔尔沙漠

2.2　行政区划概况

中巴经济走廊覆盖中国新疆维吾尔自治区喀什地区的塔什库尔干塔吉克自治县、英吉沙县、疏勒县、阿克陶县、乌恰县、巴基斯坦及克什米尔巴基斯坦实际控制区。其中，巴基斯坦的行政区划包括省（provinces）与首都区（territory）。巴基斯坦有四个省和一个首都区。四个省包括俾路支省（Balochistān）、开伯尔-普赫图赫瓦省（Khyber Pakhtunkhwa）、旁遮普省（Punjab）与信德省（Sindh），唯一的一个首都区是伊斯兰堡（Islāmābād），同时也是巴基斯坦的首都（图2-6），前首都卡拉奇是巴基斯坦最大的城市。巴基斯坦是一个有三层政府的联邦共和国，即国家、省与地方政府[12]。各省都有自己的地方政府，下设专区（division）、县（district）、乡（talukas/tehsils）、村联会（union councils）。

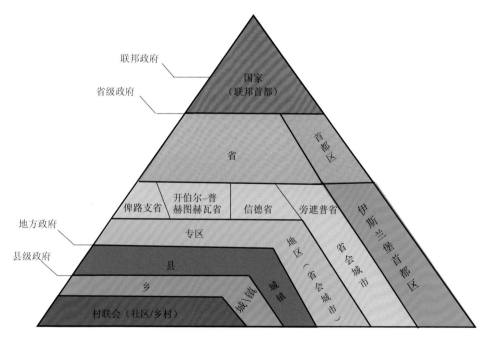

图 2-6　巴基斯坦行政层级图

表 2-1 总结了巴基斯坦主要行政单元的基本信息。巴基斯坦面积最大的省份——俾路支省北靠阿富汗，西邻伊朗，南濒阿拉伯海，是东亚通往西亚的必经之路，也是中亚各国和阿富汗国家进行转口贸易的潜在贸易通道，还是中东、中亚通往远东的潜在能源通道，地理位置相当重要。俾路支省是巴基斯坦面积最大、

人口最少的省份，人口约 1233.5 万（2017 年人口普查结果），由于气候条件恶劣、地形复杂、水资源匮乏，经济发展缓慢，属于巴基斯坦贫困地区，经济来源主要依靠第一产业[13]，但其矿产资源占巴基斯坦 50%左右，石油、煤炭、金、铜和天然气等资源丰富，其中，位于查盖地区的雷克迪克铜矿和金矿价值接近 5000 亿美元，2003 年建设至今的中冶铜锌山达克铜金矿项目就坐落在该省。俾路支省重要城镇有奎达、恰曼、克拉特等。俾路支省众多经济指标远远落后于旁遮普省和信德省，与开伯尔-普赫图赫瓦省同为巴基斯坦最贫困的地区。著名的瓜达尔港位于该省西南沿岸，东距卡拉奇约 460 km，西距巴基斯坦-伊朗边境约 120 km，南临印度洋的阿拉伯海。它位于具有重要战略意义的波斯湾的咽喉附近，紧扼从非洲、欧洲经红海、霍尔木兹海峡、波斯湾通往东亚、太平洋地区数条海上重要航线的咽喉。目前，瓜达尔港已成为中巴经济走廊建设中最重要的组成部分之一，并将成为地区转运枢纽和区域经济中心。

表 2-1　巴基斯坦行政区划信息

行政单元名称	面积/km²	首都/省会
开伯尔-普赫图赫瓦省	101 741	白沙瓦
旁遮普省	205 344	拉合尔
信德省	140 914	卡拉奇
俾路支省	347 190	奎达
联邦首都区	1165	伊斯兰堡

旁遮普省是巴基斯坦的经济第一大省，也是经济发展最快的省份，目前对巴 GDP 的贡献率在 60%以上。旁遮普省有世界上最大的水利灌溉系统，该省也是唯一有能力向邻省供应粮食的省份，巴全国近 80%的粮食作物（小麦、水稻、玉米等）产于该省，经济作物主要为棉花，直接支撑着巴基斯坦的棉花出口和纺织业发展[14]。巴基斯坦最主要的高等院校、科研单位也集中在旁遮普省。该省还是巴基斯坦工业化程度最高、制造业最发达的省，纺织、重型机械等工业门类样样俱全。目前，巴基斯坦 90%的纸张、75%的化肥、70%的食糖、40%的水泥都由旁遮普省生产。由于俾路支省和开伯尔-普赫图赫瓦省安全形势堪忧，中国在巴基斯坦 70%的水电项目、IT 项目、基础设施项目、援建项目都在旁遮普省。另外，中国公司在巴基斯坦聘用的工程技术人员和白领大都来自旁遮普省。

信德省位于巴基斯坦东南部，是巴基斯坦第二大经济体、人口第二大省，仅次于旁遮普省。省会卡拉奇是巴基斯坦最大的城市和金融中心，是国际化程度最高的城市。卡拉奇濒临阿拉伯海，是重要的交通枢纽，拥有巴基斯坦最繁忙的机场及巴基斯坦最大的港口卡拉奇港[15]。卡拉奇的税收占巴全国的四分之一，贡献了接近 20%的 GDP。巴基斯坦近 30%的工业产出来自卡拉奇，工业占据了卡拉奇经济的很大比重，其中包括巴基斯坦最大的纺织、水泥、钢铁、重型机械、化工和食品公司。卡拉奇的制造业占巴基斯坦全国的 30%。卡拉奇的港口处理了巴基斯坦 95%的外贸产品。90%在巴基斯坦运营的跨国公司将总部设在卡拉奇。巴基斯坦大多数国营和民营银行将总部设在卡拉奇。驻卡拉奇中资公司主要有中国港湾建设总公司、中冶集团资源开发公司、中国远洋运输总公司及中国民航等。

　　开伯尔-普赫图赫瓦省（一般简称"开普省"）位于伊朗高原上，原名西北边境省（NWFP），是巴基斯坦最小的省。该省向西和向北与阿富汗接壤，向北与克什米尔地区相邻，向东和向南毗邻旁遮普省和联邦首都区。联邦直辖部落地区（FATA）位于西北边境省与俾路支省之间并于 2018 年并入开伯尔-普赫图赫瓦省。著名的开伯尔山口连接该省与阿富汗。喀喇昆仑公路的西部端点赫韦利扬也位于该省。

　　吉尔吉特-巴尔蒂斯坦地区，旧称北部地区，位于巴基斯坦控制的克什米尔地区北部，大部分地区属于山地，面积超过 7 万 km²，地区首府为吉尔吉特。向西它与巴基斯坦的开伯尔-普赫图赫瓦省相邻，向北它与阿富汗的瓦罕走廊接壤，向东和东北是中华人民共和国，向西南是自由克什米尔地区，向东南则是克什米尔印度实际控制区。

2.3　气象水文特征

　　中巴经济走廊位于南亚次大陆西北部，北接帕米尔高原，南抵阿拉伯海，从南到北分别跨越热带气候带、亚热带气候带和温带气候带。其中中国喀什地区属暖温带大陆性干旱气候，四季分明。而巴基斯坦地处南亚，大部分地区属于热带季风气候，年平均气温普遍较高，降水比较稀少[16]，一般 3～4 月为春季，5～8 月为夏季，9～10 月为秋季，11～次年 2 月为冬季。但也有一些学者依据降水的变化将其分为 3～5 月为季风前季，6～9 月为季风雨季，10～11 月为后季风季，12～次年 2 月则为冬季[17]。此外，也有学者根据巴基斯坦农业种植情况，将全年分为雨季（Kharif 季，4～9 月）和旱季（Rabi 季，10～次年 3 月）[18]。

　　从降水量年内分布来看，受季风影响，每年 7～8 月为中巴经济走廊的雨季，降水明显增多[图 2-7（a）]，暴雨洪水、山体滑坡、泥石流等灾害时有发生。从气温年内分布来看，1961～2015 年，6～7 月平均最高气温接近 35℃，12～次年 2

月平均最低气温在0℃左右,最低气温出现在1月份[图2-7(b)]。

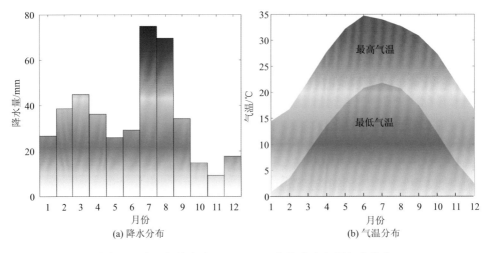

(a) 降水分布　　(b) 气温分布

图2-7　中巴经济走廊1961~2015年降水和气温年内分布

中巴经济走廊地区 1961~2015 年平均降水量和年气温逐年变化如图 2-8 所示,总体来看,1961~2015 年整个区域降水、最高和最低气温均呈现上升趋势,但 t 检验表明降水的变化趋势并不显著($p>0.05$),而最高和最低气温的上升趋势检验结果均为显著($p<0.01$)。于志翔等采用 CRU TSv4.04 地面气象要素数据集的研究结果表明:1980~2019 年中巴经济走廊地区气温呈显著上升趋势,中部地区升温速率低于南北地区,最低气温上升速率为 0.37℃/10 a;平均气温上升速率为 0.32℃/10 a;最高气温上升速率为 0.29℃/10 a。降水变化区域性差异较大,其中巴基斯坦西南部降水显著减少,最大速率为 20 mm/10 a[19]。

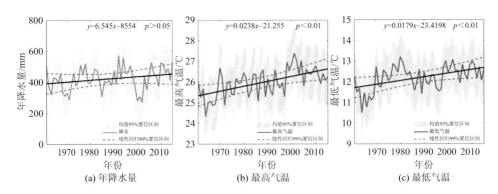

(a) 年降水量　　(b) 最高气温　　(c) 最低气温

图2-8　中巴经济走廊1961~2015年降水、最高和最低气温时间序列

中巴经济走廊 3/5 的地区年降水量在 250 mm 以下。西部俾路支高原和西北部山区以冬春季降雨为主，降水量自北而南递减；北部高山区以春夏季降雨为主，是整个走廊降水高值区，年降水量可达 1000～1300 mm（图 2-9）；旁遮普平原山麓地带为 350～500 mm；信德平原为 100～200 mm。巴基斯坦南部地区降水较少，在北半球夏季时，该地区在一定程度上受到副热带高压带控制，同时到达巴基斯坦的西南季风来自阿拉伯半岛和非洲地区，水汽含量很少，加上巴基斯坦南部地区地形平坦，对水汽的抬升不明显，综合导致了夏季降水偏少；在北半球冬季时，该地区受到来自内陆的东北季风影响，降水也很少，这样就导致巴基斯坦南部地区全年降水量都较少，形成干旱的热带沙漠气候。塔尔沙漠地区年降水量在 100 mm 以下。沿海地区因受阿拉伯海影响，降水量可达 150～250 mm[图 2-9(a)]。中巴经济走廊 1961～2015 年年平均降水量为 406 mm，从降水量变化趋势空间分布来看，1961～2015 年喜马拉雅山脉南坡降水呈显著上升趋势，该区域既是年平均降水量较高区域，也是西风环流和印度洋季风交互作用最为活跃的地带[图 2-9(b)]。Hussain 和 Lee 基于巴基斯坦 48 个气象站观测降水的研究结果也表明 1981～2010 年巴基斯坦中部地区降水日数呈现增多趋势[20]。

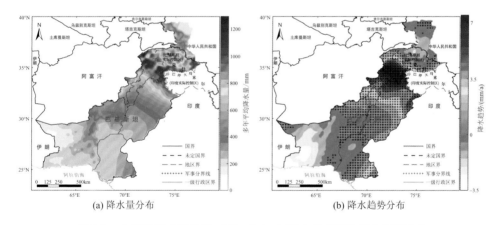

(a) 降水量分布　　　　　　　　(b) 降水趋势分布

图 2-9　中巴经济走廊地区 1961～2015 年降水及其变化趋势空间分布

从多年最高和最低气温的空间分布来看，中巴经济走廊南部较热，北部高山区是中巴经济走廊气温最低的区域（图 2-10）。该区域为内陆典型的高原山地气候，降水量小、太阳辐射强烈，但气温较低，最低气温可达零下 30℃，寒潮多发。由于北有高山屏障，中亚和西伯利亚的冷空气受喜马拉雅山脉阻碍无法到达该地区，因此巴基斯坦气温比亚洲东部同纬度地区高。巴基斯坦最炎热的时节是 6～7月份，大部分地区最高气温超过 40℃，而在信德省和俾路支省的部分地区最高气温则可能达到 50℃以上。海拔超过 2000 m 的北部山区比较凉爽，昼夜平均温差在 14℃左右。

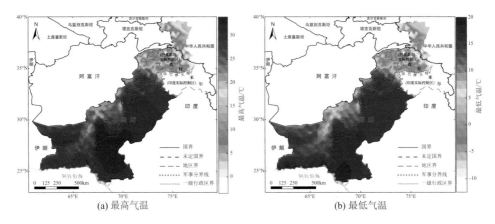

(a) 最高气温   (b) 最低气温

图 2-10　中巴经济走廊 1961～2015 年极端气温均值空间分布

1961～2015 年，北部山区的最高、最低气温均呈显著下降趋势，但印度河平原，特别是信德省南部的最高、最低气温均呈现显著上升趋势，最高升温幅度达 1.5℃/10 a（图 2-11）。Saleem 等[21]研究发现西太平洋的拉尼娜（厄尔尼诺）现象与 3～5 月极端气温变化之间存在着较强的相关性。

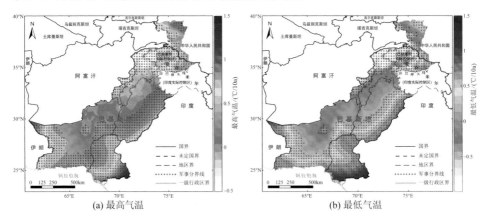

(a) 最高气温   (b) 最低气温

图 2-11　中巴经济走廊 1961～2015 年极端气温线性趋势空间分布

红点为显著上升；蓝点为显著下降，$p<0.01$

值得一提的是，印度河上游是西风和印度洋季风交互作用最为活跃的地带，气候变化与冰川融化趋势存在着复杂的"喀喇昆仑异常"现象[22-24]，即该地区冰川退缩程度低于全球平均水平，存在正物质平衡或稳定、前进现象，异常的气温下降有可能是其主要原因[25, 26]。但 Asad 等[27]重建的喀喇昆仑山地区过去 440 年的气温变化结果显示，喀喇昆仑山区气候变化趋势与北半球是一致的。自 1950 年和 1850 年以来，该地区温度变化均存在明显的上升现象。在小冰期阶段也和亚洲、北半球存在同步的冷暖波动变化。因此，他们认为喀喇昆仑山区的气温变化并不异常，在过去 440 年内与北半球的变化趋势都是一致的。这意味着，反向的温度变化可能无法解释当前喀喇昆仑地区冰川的异常变化。Xie 等[28]利用 1990～2019 年中分辨率成像光谱仪（MODIS）积雪产品对喀喇昆仑山主要区域的积雪分布进行分析，结果表明喀喇昆仑和帕米尔东部部分地区的积雪面积比例表现出增加趋势、积雪出现时间提前，积雪开始融化时间推迟，总体上表现出有利于冰川物质增加的变化，这一结果表明，西风加强带来冬春季降水增加、气温下降，主导了该地区积雪变化，进而影响冰川异常变化。此外，Kapnick 等[29]研究发现喀喇昆仑山脉一带的大部分降水发生在冬季，这种独特的降水模式使得喀喇昆仑山脉的冰川在全球变暖背景下没有发生大量流失。

中巴经济走廊内最长河流——印度河自北向南几乎贯穿巴基斯坦全境（图 2-12）。"印度河"（Indus）之名源自梵语"sindhu"，即"河流"之意，由"sindhu"派生的词语有 Sindh（信德地区、信德省）、Hindu（印度教、印度教徒）和 India（印度）等。作为世界主要大河和巴基斯坦的重要河流，印度河源自中国西藏，其在巴基斯坦境内的主要支流有喀布尔河（Kābul）、杰赫勒姆河（Jhelum）、杰纳布河（Chenāb）、拉维河（Rāvi）与萨特莱杰河（Sutlej）。印度河集水区超过 100

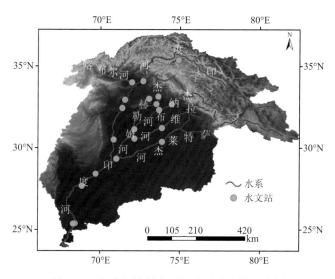

图 2-12　印度河流域主要河流及水文站示意图

万 km^2，由淤泥形成的冲积平原——印度河平原土壤肥沃，是巴基斯坦最富庶的农业区，有世界上最发达的灌溉网络[7]。

印度河干流源于中国西藏境内喜马拉雅山系凯拉斯峰的东北部，山峰平均海拔约 5500 m，终年冰雪覆盖。印度河上游为狮泉河，河流在印度境内基本上向西北流。河流穿过喜马拉雅山脉和喀喇昆仑山脉之间，接纳众多冰川，在布恩吉（Bungi）附近与吉尔吉特河（Gilgit）交会，然后转向西南流，贯穿巴基斯坦全境，在卡拉奇附近注入阿拉伯海。左侧支流的上游部分大部分在印度境内，少部分在中国境内，右侧的一些支流源于阿富汗。印度河流域总面积为 116.55 万 km^2，干流长约 2900 km，年平均径流 2070 亿 m^3，年输沙量为 5.4 亿～6.3 亿 t，平均含沙量 3 kg/m^3[30]。

印度河干流从源头至加拉巴格（Kālābāgh）为上游，长约 1368 km。河流穿行于峡谷中，河道狭窄，比降大，多急滩，流速大。其中有两个大峡谷段，一个是从斯卡都（Skārdu）至本吉（Bunji），一个是从阿塔克（Attock）至加拉巴格。从加拉巴格至海得拉巴（Hyderābād）为下游段，河床比降小，河道宽阔，河流分支汊，流速缓慢，具有平原河流的特征。但在苏库尔（Sukkur）和罗赫里（Rohri）之间，河道狭窄，在塞赫万（Sehwān）镇附近出现高约 182 m 的拉希山陡壁。从海得拉巴以下为河口段，即印度河三角洲。由于上游多为冰川雪山，融雪带来大量泥沙，淤积于河床，三角洲面积逐年扩大，河口每年向外延伸约 11.8 m。在三角洲上河流分支间有三角洲潟湖和牛轭湖[31]。

印度河左岸共有 8 条支流：分布在博德瓦尔（Potwar）高原上有 3 条，即索安河（Soan）、哈罗河（Haro）和锡兰河（Siran），流量都比较小；分布在旁遮普平原上的支流有 5 条，即杰赫勒姆河（Jhelum）、杰纳布河（Chenāb）、拉维河（Rāvi）、萨特莱杰河（Sutlej）和比亚斯河（Beas）。其中杰赫勒姆河和拉维河是杰纳布河的支流，比亚斯河是萨特莱杰河上游的支流（表 2-2）。

表 2-2　中巴经济走廊境内主要河流概况

河流名称	关键水文站	流经国家	河长/km	流域面积/km^2
印度河	德尔贝拉	中国、阿富汗、印度、巴基斯坦	2900	1 165 500
喀布尔河	瑙谢拉	阿富汗、巴基斯坦	700	54 000
杰赫勒姆河	门格拉、拉苏尔	印度、巴基斯坦	722	63 500
拉维河	百路凯	印度、巴基斯坦	638	11 600
杰纳布河	玛沙拉	印度、巴基斯坦	1124	173 138
萨特莱杰河	苏莱曼基	中国、印度、巴基斯坦	1553	141 916
比亚斯河	潘多	印度、巴基斯坦	460	20 303

（1）杰赫勒姆河是印度河流域水系最大的河流之一，发源于克什米尔山谷的韦尔纳格深泉[32]。从穆扎法拉巴德（Muzaffarābād）至杰赫勒姆镇，基本上在巴基斯坦和克什米尔地区之间穿流。杰赫勒姆河在胡沙布（Khushāb）以上河道较窄，宽约 3 km，胡沙布以下急转向南，河床展宽达 19 km 左右，萨希瓦尔（Sāhiwāl）以下更宽达 24 km，两岸之间有很多弯曲的古河道。

（2）杰纳布河是印度西北部、巴基斯坦东部河流，源于印度喜马偕尔邦（Himāchal Pradesh）北部盖朗以东 40 km 处，河流先向南流，后转向西北，流经克什米尔地区，在阿克努尔（Akhnoor）附近进入巴基斯坦，与印度河支流萨特莱杰河汇合。

（3）拉维河发源于印度喜马偕尔邦中部，是印度河中游的主要支流之一，在克什米尔地区转向西南，流入巴基斯坦边境并沿边境流淌 80 km 后进入旁遮普省，在 Kamalia 附近转向西部，经过 725 km 后，在艾哈迈德布尔锡亚尔（Ahmadpur Siāl）以南注入杰纳布河。

（4）萨特莱杰河发源于中国西藏朗钦藏布河，流经印度，在菲罗兹布尔（Ferozepore）以北进入巴基斯坦。从鲁伯尔（Rūpar）到巴哈瓦尔布尔（Bahāwalpur）以上 32 km 处，河床宽 6～12 km，由此以下至汇流处，河床宽度缩减为 1～5 km。

印度河右岸有 6 条支流：喀布尔河（Kābul）（流域面积 5.4 万 km²，长约 700 km）、科哈特托伊河（Kohāt Toi）、特里托伊河（Tritori）、古勒姆河（Gurram）、古马勒河（Gumal）、伯劳河（Barau）。前五条支流流经巴基斯坦西北边境的高山丘陵地区，大致由西向东流。喀布尔河、古勒姆河、科哈特托伊河及特里托伊河均发源于阿富汗境内，前两条支流水量较大，后两条支流则是小河。伯劳河位于信德地区，是印度河河口接纳的唯一支流，也是一条常年有水的河流，对巴基斯坦的卡拉奇平原灌溉有着重大意义[33]。

印度河水系的主要河流以融雪为源，冬季（12～次年 2 月）流量最低，春季和初夏（3～6 月）水位上升，雨季（7～8 月）洪水频发。印度河地表径流一部分来自高山融雪，一部分来自季风降雨，前者变化较少，后者随气候而变化，但年径流量的变化也不大。据 1940～1975 年的统计数据，印度河（不包括萨特莱杰河）的年径流量，以 1959～1960 年最大，达 2297.20 亿 m³，以 1974～1975 年最少，为 1184.64 亿 m³。径流的年内变化较大，4～9 月的雨季平均水量占全年的 84%。自 20 世纪中叶以来，尽管气候变暖导致大量冰川快速融化，特别是喜马拉雅地区的冰川，暂时增加了夏季冰川融水径流，但从印度河主要河流年径流量时间序列来看，1961～2010 年径流量均呈现不显著下降趋势（图 2-13）。Khattak 等基于上述四个水文站 1962～2011 年径流观测数据在年际尺度上的趋势检测结果也得出相同结论，但在季节尺度上，印度河的德尔贝拉站冬春季径流均呈现显著上升趋势，杰纳布河的玛沙拉水文站冬春季径流呈不显著上升趋势，杰赫勒姆河门格拉水文站夏季径流则呈显著下降趋势，只有喀布尔河的瓦萨克水文站夏季径流呈显著上升趋势[34]。

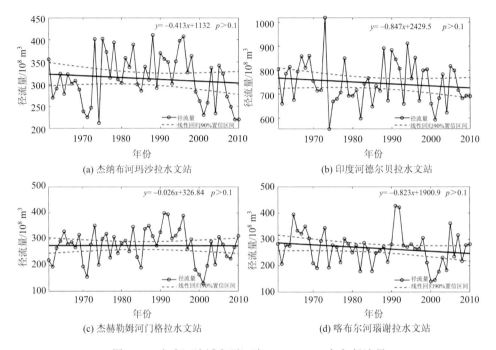

(a) 杰纳布河玛沙拉水文站　　　　　　　　(b) 印度河德尔贝拉水文站

(c) 杰赫勒姆河门格拉水文站　　　　　　　(d) 喀布尔河瑙谢拉水文站

图 2-13　印度河流域主要河流 1961～2010 年年径流量

2.4　土地覆盖特征

中巴经济走廊地区土地覆盖类型齐全，含耕地、森林、草地、灌木、水体、人造地表、冰川积雪和裸地等多个类型。由于气候条件恶劣，昼夜温差大、冻融交替循环，土壤荒漠化严重，地表广泛分布着盐碱土、砾石戈壁、沙漠、流动沙丘等，导致冬季沙尘暴多发。敏玉芳等[35]基于 MODIS 影像的中巴经济走廊荒漠化程度时空动态监测研究结果表明，中巴经济走廊极度和重度荒漠化土地占整个区域的 50%～60%，中度和轻度荒漠化土地占 20%左右，非荒漠化土地和冰雪水体占 20%左右。2000 年左右，巴基斯坦经历了 50 年来最严重的旱灾，2000 年的重度和极度荒漠化面积达到总体面积的 61.8%，2005～2015 年极度荒漠化土地有所减少，转化为重度荒漠化土地，有部分轻度荒漠化土地转化为非荒漠化土地。

总体来说，极度荒漠化程度呈下降趋势。

郭紫燕等[36]对 GlobeLand30-2010（30 m）、FROM-GLC-2010（30 m）和 GlobCover-2009（300 m）这三套应用广泛的全球高精度土地覆盖数据产品进行评估表明：三套产品在巴基斯坦地区夏冬两季总分类精度差异不大，总体来说 GlobeLand30-2010 与 FROM-GLC-2010 的总精度夏季略高于冬季，GlobCover-2009 的总精度冬季略高于夏季，其中，GlobeLand30-2010 对耕地、人造地表和水体有更好的分类效果。鉴于此，提取了 GlobeLand30 产品的中巴经济走廊地区不同时期土地覆盖数据（图 2-14）。从土地覆盖图可看出，中巴经济走廊北部山区地表覆盖类型以裸地、草地及冰川和雪地为主，区内植被覆盖率低。从各类型的土地覆盖面积统计（表 2-3）可以看出：2000～2020 年，耕地、裸地、水体和人造地表的面积扩展较为明显，而灌木地、草地、冰川和永久积雪的面积则剧烈减小。

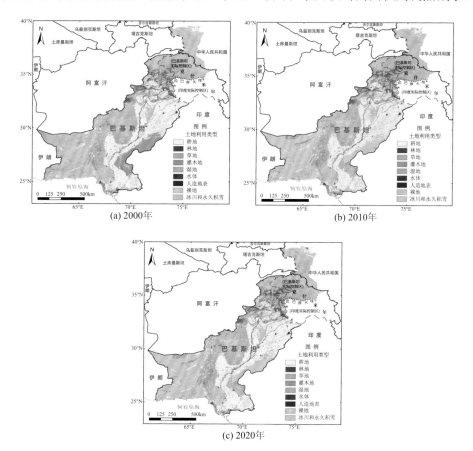

图 2-14　中巴经济走廊不同年份地表覆盖情况（数据来源：GlobeLand30）

表 2-3　中巴经济走廊地区不同时期土地覆盖类型面积统计　　（单位：万 km²）

土地覆盖类型	2000 年	2010 年	2020 年
耕地	27.7	27.9	28.3
林地	2.9	3.0	3.0
草地	13.9	12.6	13.0
灌木地	7.3	2.7	2.6
湿地	0.66	0.63	0.66
水体	0.63	0.68	0.90
人造地表	0.63	0.64	0.92
裸地	37.5	43.0	43.1
冰川和永久积雪	3.3	3.3	2.4

　　耕地作为重要承灾体，其时空变化对风险评估具有重要的影响。中巴经济走廊地区耕地面积约占整个走廊面积的 21%。从空间分布来看，大部分集中在巴基斯坦的印度河平原，2000～2020 年，耕地面积变化不大（图 2-15）。

　　张晓荣基于 SD-FLUS 耦合模型预估了惯性发展情景、投资优先情景及和谐发展情景这三种情景下中巴经济走廊 2016～2030 年的土地利用变化，模拟结果显示：不同情景之间土地利用的差异明显。在三种情景下建设用地均扩张，和谐发展情景扩张速度居中，扩张最快的是投资优先情景。巴基斯坦和谐发展情景下的耕地增量最少，不到增长最多的惯性发展情景的一半，喀什耕地在和谐发展情景下增量居中，不到投资优先情景的 3/4。水体面积在三种情景下均有小幅增长，且投资优先情景增长最多，惯性发展情景增长最少。只有和谐发展情景下的林地

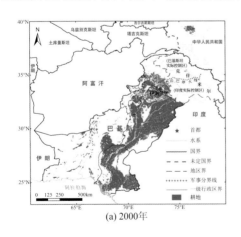

(a) 2000年

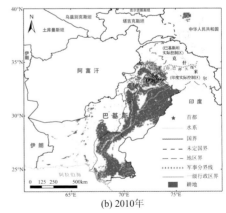

(b) 2010年

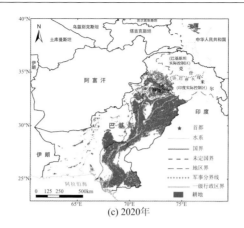

(c) 2020年

图 2-15　中巴经济走廊不同时期（2000 年、2010 年、2020 年）耕地空间分布

得到了显著的恢复，另两种情景下草地和林地变化较小。总体而言，三种情景中，和谐发展情景既控制了建设用地和耕地的增长速率，又有效地增加了森林面积，兼顾了社会经济发展和生态环境保护，是三种情景中最理想的情景[37]。

2.5　社会经济概况

　　巴基斯坦是一个发展中国家，属于不发达的资本主义市场经济体。经济以农业为主，农业人口占总人口的 48%，产值为国内生产总值的 25%，主要作物有棉花、小麦、大米、甘蔗等，其中棉花是巴主要经济作物，其产量占世界总产量的 5%，巴基斯坦是世界第五大产棉国[38]。由于地处亚热带，巴基斯坦水果资源非常丰富，平原洼地盛产香蕉、橘子、杧果、番石榴和各种瓜类，山地高原则盛产桃子、葡萄、柿子等，素有东方"水果篮"之称[39]。巴基斯坦耕地约占其国土面积的 25.8%，印度河平原和北部山谷建有庞大的灌溉系统，为水稻、小麦、棉花、甘蔗等粮食和经济作物的生长提供了良好的水分条件[40]。

　　按照地理分布，巴基斯坦可分为四个农业区域：一是平原农业区，主要位于印度河平原，有较好的灌溉条件，属于灌溉农业区。该地区气温较高，雨量充沛，主要生产小麦、棉花、水稻、豆类、甘蔗及蔬菜等，在东北部的旁遮普省，印度河的支流杰纳布河和萨特莱杰河等河流滋润了近 13 万 km² 的土地，几乎 80% 以上的粮食都产自旁遮普省，因此旁遮普省也是巴基斯坦最为重要的"粮仓"。二是高原农业区，位于印度河以西的西部地区，这里地势崎岖不平，温差变化剧烈，降水量较少，土壤贫瘠，农业生产以畜牧业为主，只有河谷及山间的小块平原种植农作物，主要有小麦、棉花、高粱、玉米、豆类、薯类等，多半靠降雨和雨季河水漫灌，井灌面积很少，干旱年份经常歉收。三是山地农业区，位于北部及西北部丘陵起伏的多山地区，这里夏季炎热，冬季寒冷，雨量稀少，常有积雪。山区主要以畜牧业为主，并广泛种植苹果及亚热带果树。平原地区以种植业为主，主要农作物为小麦、棉花、水稻、谷子等，大多采用井灌。四是丘陵农业区，位于印度河上游东部以拉瓦尔品第为中心的丘陵地区。这里气候炎热，降水量较少，主要农作物为小麦、棉花、谷子、高粱、豆类等，主要采用井灌。

根据巴基斯坦2017年进行的第六次人口普查，巴基斯坦人口为2.077亿，居中国、印度、美国、印度尼西亚和巴西之后全球排名第六[41]。最新统计数据表明，巴基斯坦是世界上人口增长最快的国家之一，2020年总人口为2.2亿并正在以每对夫妇养育3.6个孩子的年生育率迅速增长。1961~1972年两次人口普查之间，年均人口增长率达到了3.69%，在1998~2017年两次人口普查之间，年均人口增长率为2.40%。1965年巴基斯坦人口突破5000万，1972年突破6000万，1988年突破1亿，2016年突破2亿，至2030年有望超越印度尼西亚成为世界上人口最多的伊斯兰国家，并且将在21世纪中叶继印度和中国之后，名列第三[42]。

中巴经济走廊地区人口主要分布在旁遮普省和信德省，分别约占总人口的50%和21%，中国区域人口最少（图2-16）。根据巴基斯坦2017年第六次人口普查数据，巴人口超过100万的城市有十个，其中人口超过千万的城市有两个，卡拉奇为1480万，拉合尔为1110万；第三为费萨拉巴德，人口320万；接下来是古杰兰瓦拉（220万）、拉瓦尔品第（210万）、白沙瓦（200万）、木尔坦（180万）、海得拉巴（170万）、伊斯兰堡（100万）和奎达（100万）。

根据中国经济网查阅和编译的巴基斯坦统计局2017~2021年的统计数据（https://ceidata.cei.cn），巴基斯坦的人口密度为287人/km²，位列全球第45位。巴人口中男女性别比为1.06，2021年巴基斯坦人口达2.25亿。从人口金字塔图（图2-17）可以看出，14岁以下儿童和婴幼儿占比高达40.84%，15~29岁占26.78%，30~44岁占16.8%，45~59岁占10.2%，60岁以上人口仅占5.38%。年轻化是巴基斯坦人口的显著特点。由于人口出生率和自然增长率较高，少年儿童人口比重较大，而老年人口比重较小。

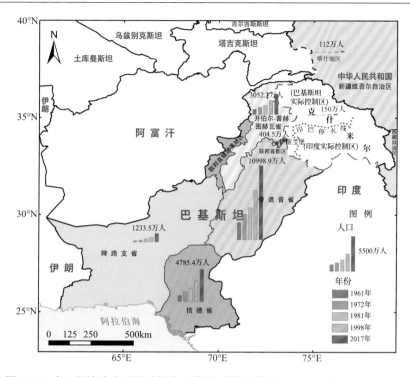

图 2-16　中巴经济走廊不同时期人口数量（数据来源：www.worldometers.info）

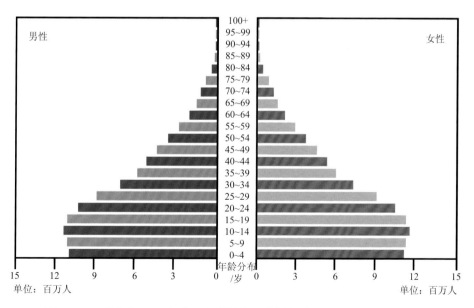

图 2-17　巴基斯坦 2020 年人口年龄结构（数据来源：https://ceidata.cei.cn）

从教育程度来看，全国十岁以上人口中，文盲占 37.73%，识字率达 62.27%，受过大学及以上高等教育的仅占 5.96%。其中十岁以上男性中，文盲率为 27.47%，受过高等教育的为 6.83%；十岁以上女性中，文盲率高达 48.19%，受过高等教育的占 5.07%。从各省看，受教育人口（十岁以上）比例，信德省最高，为 7.45%（男性为 9.44%）；旁遮普省 5.82%（男性为 5.84%）；开伯尔-普赫图赫瓦省为 4.93%（男性 6.71%）；俾路支省最低，为 3.08%（男性为 4.59%）。文盲率在农村地区女性中最为突出，达 59.53%（十岁以上）。其中信德省和俾路支省农村地区十岁以上女性文盲率分别高达 74.30% 和 73.21%，而受过高等教育的分别仅为 0.60% 和 0.51%，换句话说，在这两个省，农村女性每 200 人中只有一人上过大学（https://ceidata.cei.cn）。

　　人口、GDP、耕地等承灾体的分布（空间位置及数量）是气象水文灾害风险评估的重要输入信息[42,43]。建立详细的承灾体数据库对于风险评估至关重要。在过去的几年里，一个由气候科学家、经济学家和能源系统建模者组成的国际团队建立了一套新的"路径"，即共享社会经济路径（SSP）。SSP 之间的主要差异来自于它们对全球人口增长、教育机会、城市化、经济增长、资源可用性、技术发展和需求驱动力（如生活方式改变）的假设[44]。目前，SSP 已广泛应用于全球社会、人口和经济的预估研究[45,46]。如姜彤等[47]采用人口-发展-环境（PDE）模型和柯布-道格拉斯（Cobb-Douglas）模型，通过历史时期生育率、死亡率、迁移率、教育水平等和资本存量、全要素生产率、劳动力水平等率定及验证了人口和经济模型参数，在全球 SSP 框架下，开展了 SSP1～SSP5 下 2020～2100 年中国分城乡的人口和分产业的经济预估，并构建了最新的"一带一路"区域、全球人口和经济预估数据。本节采用该数据集，预估了中巴经济走廊未来人口和 GDP 变化。图 2-18 显示了五个 SSP 对 21 世纪上半叶中巴经济走廊 GDP 与人口变化趋势。SSP1～SSP5 路径下，中巴经济走廊 GDP 总量均有所增长。其中，在以经济发展为导向、不考虑减排目标的 SSP5 路径下 GDP 增长最迅速，至 21 世纪中叶 GDP 增长为 2020 年的 5 倍左右；其次，可持续的 SSP1 路径下因重视科技和教育，控制温室气体排放，经济发展速度较快；SSP2 路径则维持当前发展态势，2050 年较 2020 年增长 2 倍左右；巴基斯坦为发展中国家，SSP4 路径下其经济增长相对较慢，GDP 总量较低[图 2-18（a）]。

　　中巴经济走廊 2010～2050 年的人口与经济变化趋势预估如图 2-18（b）所示。未来不同路径下，总人口均有所增加。SSP1 和 SSP5 路径因选取了低生育率、重视教育和医疗水平的发展模式，总人口数最少，两种路径下人口的变化趋势、人口总数较为接近，在 2050 年左右达到人口峰值；SSP3 和 SSP4 路径下因较高的生育率，总人口数最多，人口持续增长。SSP2 路径人口总数居中，但人口也呈现持续增长趋势。

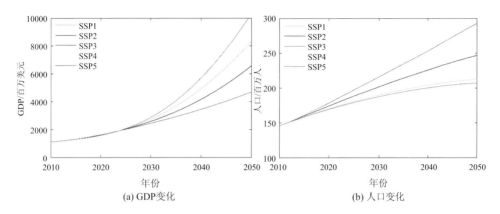

图 2-18　不同 SSP 路径下中巴经济走廊 2010～2050 年 GDP 与人口变化趋势

2.6　自然灾害特征

自然灾害是指给人类生存带来危害或损害人类生活环境的自然现象，包括干旱、洪涝、台风、冰雹、暴雨、沙尘暴等气象灾害，火山、地震、山体崩塌、滑坡、泥石流等地质灾害，风暴潮、海啸等海洋灾害，以及森林草原火灾和重大生物灾害等。中巴经济走廊沿线穿越喀喇昆仑山、喜马拉雅山与兴都库什山三大山系交会区和帕米尔高原、印度河-恒河平原接合部，地势北高南低，地形地貌复杂，地质构造活跃，垂直地带分明，气候环境多变[4]。特殊的自然环境和多变的气候条件，使得该区域具有灾种多、规模大、频度高、分布广的特点，对工程建设和运营威胁巨大，制约了中巴经济走廊沿线区域基础设施建设、资源开发，以及社会经济发展。从自然灾害种类来看，中巴经济走廊的自然灾害主要有气象灾害、水文灾害、地震灾害、地质灾害。实际上，大量新闻媒体报道、灾害统计等都表明：除火山喷发外，几乎所有的自然灾害在该地区都出现过（图 2-19），对社会经济影响最大的气象水文灾害是洪水、暴雨、高温热浪、干旱、低温等[48]。其中洪水、热带气旋、干旱、滑坡、泥石流等气象水文及其衍生灾害占巴基斯坦自然灾害损失的 83%。走廊北部帕米尔高原的严寒、暴雪等灾害性天气多发，暴雨及融雪（冰）洪水、泥石流、滑坡时有发生，南部漫长的海岸线容易受到风暴潮和其他海基灾害的影响。走廊北端的喀什地区干旱、大风、沙尘暴等也频繁发生[49,50]。

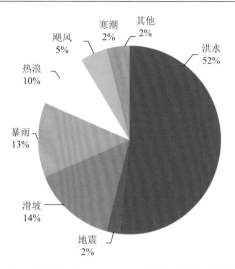

图 2-19 中巴经济走廊 1961～2015 年主要自然灾害所占比重

从孕灾环境的敏感性来看，中巴经济走廊的自然环境差异显著，跨越高寒气候区、高地震烈度区、热带沙漠气候区、印度洋季风区，自然环境脆弱、灾害影响因素多样、成灾机理复杂。巨大的南北地形落差导致沿线气候显著的垂直差异性和区域分异。陡峻的地形条件为地表过程与灾害提供了有利的动力条件。此外，中巴经济走廊植被覆盖率极低，多为草地荒漠，森林资源稀少，防风固沙能力较弱、水源涵养能力低、生态环境脆弱，导致沙尘天气、洪涝灾害多发[51]。

从致灾因子的危险性来看，中巴经济走廊地处亚欧大陆中部，属于快速升温的地区之一，因此极易受到气候变化的影响，20 世纪 90 年代以来，在以全球变暖为主要特征的气候变化背景下，中巴经济走廊气象水文灾害明显增多[52,53]。其中，印度洋季风引起的暴雨洪水是导致该地区损失较为严重的灾害之一。大量研究表明：自 20 世纪 50 年代以来，由于人类活动引起气候变化，中巴经济走廊地区热浪、暴雨、洪水和干旱等极端气象水文事件变得日趋频繁和严重[54-56]。

灾害的危害性不仅取决于灾害发生的强度、频率，更取决于受灾地区人口密度、社会经济承载能力等多方因素。中巴经济走廊地区地形复杂，山地和丘陵面积约占整个走廊总面积的 60%，人口、耕地等承灾体主要集中在旁遮普平原和印度河沿岸地区，但由于经济发展相对滞后、巴基斯坦基础设施建设长期滞后等，该地区气象水文灾害损失较为严重。

巴基斯坦受灾程度如此之高，除了自然环境因素外，人口密集、防灾减灾能力不足也是主要因素。尽管巴基斯坦对于自然灾害防治非常重视，但是受国民经济实力、科技实力和经费投入的限制，巴基斯坦对于本国自然灾害数据缺乏全面、

系统的调查、分析与研究,现有的观测数据、调查资料大多局限于局部重点区域,
孕灾背景、成灾环境、灾害基础数据及信息极为缺乏。就气象水文灾害及其次生
灾害的监测、预测预报现状而言,巴基斯坦气象局(PMD)按照世界气象组织
(WMO)统一规定的观测规范要求,自 20 世纪 50 年代以来定期向 WMO 提交 50
个气象站的逐日观测(气温、降水)数据;联合国人道主义事务协调办公室
(UNOCHA)、联合国减少灾害风险办公室(UNDRR)及由比利时布鲁塞尔天主
教大学公共卫生学院灾害流行病学研究中心(CRED)管理和维护的紧急灾难数
据库(EM-DAT)[57]等机构、平台的数据支持对区域防灾减灾也起到了一定的参
考作用。但受经费所限,调查观测技术手段落后、观测点有限、空间布局有限、
自动化程度不高、观测年限较短,导致目前的数据积累难以支撑防灾减灾的实际
需求。以气象和水文观测数据来说,印度河上游数百千米的河段与数万平方千米
范围内,具有长时间观测资料的水文站点不足 5 个,而大部分区域为气象观测无
数据区,基础数据的匮乏严重阻碍了气象水文预警预报的准确率和精细化水平,
导致气象水文部门并不能及时主动掌握山区灾害事件动态,迅速疏散人群,只能
依靠当地人的社交媒体和当地政府对极端天气事件的报告。此外,政府自上而下
的防灾计划未能有效落实。历届巴基斯坦政府和地方政府也曾出台防灾减灾计划,
但最终都因政出多门,无疾而终。

　　本章从自然地理、行政区划、气象水文、土地覆盖、社会经济、气象水文灾
害特征与成因等方面对中巴经济走廊孕灾环境、致灾因子、承灾体进行了详细介
绍。总体来看,中巴经济走廊穿越高原、冰川、平原、荒漠等地理单元,沿线区
域气候类型复杂,气象水文灾害具有种类多、分布范围广、发生频率高、损失大
等特点。从空间分布来看,尽管多年平均降水最大值中心位于喜马拉雅山脉南麓,
但整个走廊均发生过暴雨和干旱灾害;高温灾害主要发生在巴基斯坦南部的旁遮
普平原、信德省及俾路支省;而低温灾害的空间分布则与高温灾害正好相反,主
要发生在高海拔地区,即北部山区、开伯尔-普赫图赫瓦省及中国喀什地区。从灾
害损失来看,暴雨洪水是中巴经济走廊影响最大的气象水文灾害,整个走廊大部
分地区受洪水灾害威胁。高温和干旱灾害造成损失的地区主要集中于巴基斯坦南
部,其中信德省和俾路支省的损失最为严重。相对于其他灾种,低温灾害主要发
生在高海拔地区且发生次数较少,造成的损失也相对较轻。

参 考 文 献

[1]　丁思洋, 朱文泉, 江源, 等. 基于 RS 与 GIS 的中巴经济走廊生态现状评价[J]. 北京师范大
　　　学学报(自然科学版), 2017, 53(3): 358-365.

[2] 裴艳茜. 中巴经济走廊地质灾害特征与敏感性分析研究[D]. 西安: 西北大学, 2019.

[3] Gulshad K. 中巴经济走廊项目(CPEC)——巴基斯坦吉尔吉特伯尔蒂斯坦水文地质灾害评估[D]. 武汉: 武汉大学, 2018.

[4] 邹强, 郭晓军, 罗渝, 等. 中巴经济走廊滑坡泥石流灾害格局与风险应对[J]. 中国科学院院刊, 2021, 36(2): 160-169.

[5] Bhattacharya A, Bolch T, Mukherjee K, et al. High mountain Asian glacier response to climate revealed by multi-temporal satellite observations since the 1960s[J]. Nature Communications, 2021, 12: 4133.

[6] 张茜, 段克勤. 基于 WRF 模拟的 2017 年帕米尔高原降水特征分析[J]. 干旱区地理, 2021, 44(6): 1707-1716.

[7] Hewitt K. Glaciers of the Karakoram Himalaya: Glacial Environments, Processes, Hazards and Resources[M]. Dordrecht: Springer, 2014.

[8] 朱颖彦, 潘军宇, 李朝月, 等. 中巴喀喇昆仑公路冰川泥石流[J]. 山地学报, 2022, 40(1): 71-83.

[9] Shah-hosseini M, Morhange C, Beni A N. Coastal boulders as evidence for high-energy waves on the Iranian coast of Makra[J]. Marine Geology, 2011, 290(1-4): 17-28.

[10] Khan S I, Adams T E. Indus River Basin: Water Security and Sustainability[M]. Amsterdam, Netherlands: Elsevier, 2019.

[11] 张斌. 巴基斯坦农业发展与中巴农业合作探析[J]. 中国农学通报, 2012, 28(2): 90-96.

[12] Yousif M, 张悦. 巴基斯坦市、县与乡级地区的发展均衡性研究[J]. 小城镇建设, 2018, 36(11): 56-65.

[13] 冀开运. 巴基斯坦俾路支省社会冲突解析[J]. 中东问题研究, 2016, 2: 101-112.

[14] 吴园, 雷洋. 巴基斯坦农业发展现状及前景评估[J]. 世界农业, 2018, (1): 166-174.

[15] 金戈. 中巴经济走廊研究[D]. 长沙: 湖南师范大学, 2018.

[16] 陈金雨, 陶辉, 刘金平, 等. 中巴经济走廊极端降水时空变化[J]. 高原气象, 2021, 40(5): 1048-1056.

[17] Kattel D B, Yao T, Ullah K, et al. Seasonal near-surface air temperature dependence on elevation and geographical coordinates for Pakistan[J]. Theoretical and Applied Climatology, 2019, 138: 1591-1613.

[18] Ullah I, Ma X Y, Yin J, et al. Observed changes in seasonal drought characteristics and their possible potential drivers over Pakistan[J]. International Journal of Climatology, 2021, 42(3): 1576-1596.

[19] 于志翔, 于晓晶, 杨帆. 近 40 a 中巴经济走廊气候变化时空分布特征[J]. 干旱区研究, 2021, 38(3): 695-703.

[20] Hussain M S, Lee S. Long-term variability and changes of the precipitation regime in Pakistan[J]. Asia-Pacific Journal of Atmospheric Sciences, 2014, 50: 271-282.

[21] Saleem F, Zeng X D, Hina S, et al. Regional changes in extreme temperature records over Pakistan and their relation to Pacific variability[J]. Atmospheric Research, 2021, 250: 105407.

[22] Forsythe N, Fowler H, Li X F, et al. Karakoram temperature and glacial melt driven by regional atmospheric circulation variability[J]. Nature Climate Change, 2017, 7: 664-670.

[23] Gardelle J, Berthier E, Arnaud Y. Slight mass gain of Karakoram glaciers in the early twenty-first century[J]. Nature Geoscience, 2012, 5: 322-325.

[24] Farinotti D, Immerzeel W W, de Kok R J. et al. Manifestations and mechanisms of the Karakoram glacier anomaly[J]. Nature Geoscience, 2020, 13: 8-16.

[25] Dimri A P. Decoding the Karakoram anomaly[J]. Science of the Total Environment, 2021, 788(7): 147864. .

[26] Nie Y, Pritchard H D, Liu Q, et al. Glacial change and hydrological implications in the Himalaya and Karakoram[J]. Nature Reviews Earth & Environment, 2021, 2: 91-106.

[27] Asad F, Zhu H, Zhang H, et al. Are Karakoram temperatures out of phase compared to hemispheric trends? [J]. Climate Dynamics, 2017, 48: 3381-3390.

[28] Xie F M, Liu S Y, Wu K P, et al. Upward expansion of supra-glacial debris cover in the Hunza Valley, Karakoram, during 1990-2019[J]. Front of Earth Science, 2020, 8: 308.

[29] Kapnick S, Delworth T, Ashfaq M, et al. Snowfall less sensitive to warming in Karakoram than in Himalayas due to a unique seasonal cycle[J]. Nature Geoscience, 2014, 7: 834-840.

[30] Laghari A N, Vanham D, Rauch W. The Indus basin in the framework of current and future water resources management[J]. Hydrology and Earth System Sciences, 2011, 8(8): 2263-2288.

[31] Food and Agriculture Organization of the United Nations. Transboundary River Basins-Indus River Basin[R]. Rome, Italy: FAO, 2011.

[32] 徐志, 邓颂霖, 闫明路, 等. 基于 SWAT 模型的吉拉姆河流域日均流量模拟研究[J]. 水利水电快报, 2021, 42(11): 12-15, 25.

[33] Yin Y X, Xu C Y, Chen H S, et al. Trend and concentration characteristics of precipitation and related climatic teleconnections from 1982 to 2010 in the Beas River basin, India[J]. Global and Planetary Change, 2016, 145: 116-129.

[34] Khattak, M S, Reman N U, Khan A, et al. Analysis of streamflow data for trend detection on major rivers of the Indus Basin[J]. Journal of Himalayan Earth Sciences, 2015, 48(1): 99-111.

[35] 敏玉芳, 张耀南, 康建芳, 等. 基于 MODIS 影像的中巴经济走廊荒漠化程度时空动态监测研究[J]. 遥感技术与应用, 2021, 36(4): 827-837.

[36] 郭紫燕, 杨康, 刘畅, 等. 巴基斯坦土地覆盖数据产品季节性精度评价[J]. 遥感技术与应用, 2020, 35(3): 567-575.

[37] 张晓荣. 多情景约束下的中巴经济走廊土地利用变化时空模拟研究[D]. 北京: 中国科学院大学, 2020.

[38] Wester P, Mishra A, Mukherji A, et al. The Hindu Kush Himalaya Assessment: Mountains, Climate Change, Sustainability and People[M]. Cham, Switzerland: Springer Nature, 2019.

[39] Yu W, Yang Y C, Savitsky A, et al. The Indus Basin of Pakistan: The Impacts of Climate Risks on Water and Agriculture[M]. Washington DC: The World Bank, 2013.

[40] Government of Pakistan-Ministry of Food, Agriculture and Livestock. Agricultural statistics of

Pakistan 2008-2009[R]. Islāmābād: Government of Pakistan-Ministry of Food, Agriculture and Livestock, 2010.

[41] Sathar Z A, Royan R, Bongaarts J. Capturing the Demographic Dividend in Pakistan[M]. New York: Wiley, 2013: 130.

[42] Tuholske C, Caylor K, Funk C, et al. Global urban population exposure to extreme heat[J]. Proceedings of the National Academy of Sciences, 2021, 118(41): e2024792118.

[43] 金有杰, 曾燕, 邱新法, 等. 人口与 GDP 空间化技术支持下的暴雨洪涝灾害承灾体脆弱性分析[J]. 气象科学, 2014, 34(5): 522-529.

[44] 翁宇威, 蔡闻佳, 王灿. 共享社会经济路径(SSPs)的应用与展望[J]. 气候变化研究进展, 2020, 16(2): 215-222.

[45] Riahi K, van Vuuren D P, Kriegler E, et al. The shared socioeconomic pathways and their energy, land use, and greenhouse gas emissions implications: An overview[J]. Global Environmental Change, 2017, 42: 153-168.

[46] Chen Y, Guo F, Wang J C, et al. Provincial and gridded population projection for China under shared socioeconomic pathways from 2010 to 2100[J]. Scientific Data, 2020, 7: 83.

[47] Jing C, Su B D, Zhai J Q, et al. Gridded value-added of primary, secondary and tertiary industries in China under Shard Socioeconomic Pathways[J]. Scientific Data, 2022, 9: 309.

[48] 姜彤, 王艳君, 袁佳双, 等. "一带一路" 沿线国家 2020～2060 年人口经济发展情景预测[J]. 气候变化研究进展, 2018, 14 (2): 155-164.

[49] Cheema A R. Disaster Management in Pakistan[M]//The Role of Mosque in Building Resilient Communities. Islam and Global Studies, Singapore: Palgrave Macmillan, 2022.

[50] Rafiq L, Blaschke T. Disaster risk and vulnerability in Pakistan at a district level[J]. Geomatics, Natural Hazards and Risk, 2012, 3(4): 324-341.

[51] 陆忆文. 中巴经济走廊巴基斯坦段生态系统服务供需风险评价及分区研究[D]. 成都: 四川师范大学, 2022.

[52] Rahman A U, Khan A N, Shaw R. Disaster Risk Reduction Approaches in Pakistan[M]. Tokyo: Springer, 2015.

[53] 王毅, 张晓美, 周宁芳, 等. 1990～2019 年全球气象水文灾害演变特征[J]. 大气科学学报, 2021, 44(4): 496-506.

[54] Turner A, Annamalai H. Climate change and the South Asian summer monsoon[J]. Nature Climate Change, 2012, 2: 587-595.

[55] Hussain M S, Lee S. The regional and the seasonal variability of extreme precipitation trends in Pakistan[J]. Asia-Pacific Journal of Atmospheric Sciences, 2013, 49: 421-441.

[56] 陈金雨, 陶辉, 翟建青, 等. 中巴经济走廊极端高温事件风险评估[J]. 自然灾害学报, 2022, 31(4): 65-74.

[57] 司瑞洁, 温家洪, 尹占娥, 等. EM-DAT 灾难数据库概述及其应用研究[J]. 科技导报, 2007, (6): 60-67.

第3章　中巴经济走廊暴雨灾害

　　IPCC 最新发布的第六次评估报告（AR6）指出，全球气温每上升 1℃，大气水汽增加约 7%，从而导致极端降水增加。除了增强的水汽作用，与环流相关的动力过程的改变也会影响极端降水，且其自然波动更剧烈[1]。实际上，IPCC 第四次（AR4）、第五次评估报告（AR5）及特别报告（SREX）均指出，自 20 世纪中叶以来极端降水在全球范围内呈显著增强的区域面积超过显著减弱的面积；且人类活动对全球尺度上极端降水的增强具有可归因的作用[2-4]。Zhang 和 Zhou[5]研究发现，在全球陆地范围内，季风区（包含亚洲-大洋洲季风、非洲季风、美洲季风）是极端降水最强、对总降水贡献最大的区域。全球季风区横跨热带和副热带地区，伴有充沛的季风水汽输送，且该地区极端降水的变化影响着全球约 2/3 人口。Pfahl 等[6]根据全球气候模式预测的研究表明，随着全球温度升高，极端降水事件的强度将增强，当前的观测结果在全球尺度上已经证实了这一预测，但在较小的区域尺度上如何变化则难以预测。

　　暴雨作为一种极端降水事件，具有突发性强、破坏性大、影响范围广等特点，对区域人民生命财产安全和社会经济发展都产生较大影响，其引发的洪涝和泥石流等灾害对发展中国家的影响尤为严重[7]。2021 年 7 月，郑州发生罕见的特大暴雨，造成 292 人遇难，经济损失达到 532 亿元[8]。2022 年 6 月中旬以来，巴基斯坦遭受近 30 年来最大暴雨灾害，1500 多人遇难，3300 万人流离失所，全国 5563 km 公路、243 座桥梁损毁，超过 142 万座房屋倒塌或部分毁坏[9]。

　　受天气系统、地形和地理位置等因素影响，全球降水时空分布不均[10]。因此，各地区暴雨标准有所不同，采用的暴雨阈值方法也各有差异。目前，确定暴雨阈值的研究方法有固定阈值法、百分位阈值法、去趋势波动分析（DFA）法等。我国气象部门标准使用固定阈值法规定 24 h 降水量超过 50 mm 即为暴雨，根据标准暴雨量不同，划分的等级有所不同，24 h 累计降水量 50～99 mm 为暴雨，100～199 mm 为大暴雨，200 mm 及以上为特大暴雨[11]。而美国通常规定日降水量大于 50.8 mm（2 in）为暴雨，大于 101.6 mm（4 in）为大暴雨[12]。固定阈值法适用于小尺度的研究，在大尺度的研究中，使用固定阈值法会使一些干旱地区因降水量少而出现多年无暴雨的情况。百分位阈值法是目前常见的一种方法，可以根据特定区域确定降水阈值来弥补固定阈值法的缺陷，相较于固定阈值法更具广泛性和适用性。常见的百分位数有第 90 百分位、第 95 百分位和第 99 百分位，即将降水序列由小到大排列，取第 90、第 95、第 99 百分位的数值作为暴雨阈值[13]。

近几十年来，由全球变化引发的暴雨事件频繁发生，暴雨灾害及其风险评估研究得到了国内外学者和各级政府部门的广泛关注[14-17]。近 10 多年来，气象水文灾害频繁发生，国内不少学者在暴雨事件识别、发生机理、预估及其风险评估方面取得大量的研究成果[18-24]。周杰等[25]采用区域性极端事件客观识别法（OITREE）和我国西南地区降水观测数据，对区域性暴雨事件进行了识别。谌芸等[26]围绕华南暖区暴雨基本特征、对流触发机制、对流组织特征、可预报性等问题进行总结，并为暖区暴雨预报提供理论依据。此外，Li 等[27]采用联合概率分布的方法，对 21 世纪中期和末期不同情景下极端降水进行风险评估，研究结果表明：多年一遇极端降水的空间分布相似，在 21 世纪中期和末期与极端降水有关的暴雨洪水风险有所增加。Gori 等[28]有关热带气旋和美国暴雨灾害的研究指出，热带气旋将在 2100 年导致美国部分地区联合极端事件发生频率增加约 200 倍。

目前，有关暴雨灾害风险评估主要包含三方面的内容，即对致灾因子的危险性、承灾体的暴露度和脆弱性的评估[29,30]。暴雨灾害危险性研究是灾害风险研究的基础，是定量表达暴雨灾害造成的影响或损失概率的过程，研究过程中需要将多个致灾因子结合起来进行分析[31]。当前，暴雨灾害危险性的研究方法主要有历史灾情法、指标叠加法、模型模拟法。历史灾情法是获得过去的暴雨的降水量、降水强度、淹没范围等，该方法针对的是暴雨发生后的风险评估，可为灾害评估模型提供验证数据。Adrianto 和 Matsuda[32]基于历史灾情数据对日本奄美群岛暴雨灾害危险性进行了研究。孙阿丽等[33]基于历史灾情数据，揭示了上海市暴雨灾害风险时空分布特征，得到南汇区暴雨灾情等级最高的结论。指标叠加法使用范围较广。如范擎宇等[34]从致灾因子和孕灾环境两方面，选取降雨强度、降雨历时、海拔高程、河网密度、植被覆盖度、土壤类型等指标，构建了松花江流域暴雨灾害危险性评价指标体系，采用基于加速遗传算法的层次分析法（AGA-AHP）进行权重计算并通过自然断点分级法对暴雨灾害危险性等级进行了划分。有关暴露度方面的研究主要聚焦于人口暴露度、社会经济和农业暴露度等方面[35-38]。如王艳君等[36]利用中国暴雨洪涝灾害灾情和社会经济数据，从灾害暴露范围、人口暴露度、经济暴露度和农作物暴露度四个方面揭示了灾害暴露度的特征，并从人口脆弱性和经济脆弱性两方面揭示了灾害脆弱性特征。韩钦梅等[37]利用 1990 年、2000 年和 2010 年人口网格数据与年代暴雨雨强数据，计算了湖北省分年代暴雨人口暴露总量，并揭示了其暴雨人口暴露变化的贡献因子。

针对暴雨灾害脆弱性的评估方法主要有历史灾损曲线法、情景分析法、指标体系法三大类。如杨佩国等[39]采用历史灾损曲线法，在历史暴雨洪涝灾情数据的基础上构建了脆弱性曲线，揭示了北京市在不同降雨量下的宏观脆弱性。该方法主要强调过去发生的灾害损失。权瑞松[40]基于情景分析视角，从建筑结构与室内财产两方面对建筑的脆弱性特征进行了实证研究，揭示了上海中心城区不同情景下的暴雨灾害脆弱特征。Shi[41]通过建立脆弱性指标体系，利用情景模拟方法，对上海市徐汇区进行了脆弱性评估，得出不同街区的脆弱性大小。情景分析法是一种在一定的情景条件下，对灾害形成的内在机制进行研究并预测未来各种趋势的产生，比较分析可能产生的影响的方法。相比于指标体系法，它对数据精度要求高，计算过程复杂。因此，大量研究采用指标体系法[42]，Balica 等[43]对沿海城市的暴雨防洪脆弱性指数进行了分析，该指数不仅考虑了城市在自然水文地理上遭遇的严重洪灾风险，还加入社会、经济、政治等多因素。该方法适用范围较广，但最为关键的部分是指标的选取和权重的确定。无论是暴露度还是脆弱性，指标选取因不同研究区域自然、社会经济因素影响，建立的指标体系差异较大，目前尚没有统一的标准；指标体系是否在不同尺度、不同空间都具有适用性，也是需要去验证的一个方面；指标权重确定时如何尽可能地避免主观赋值对结果准确度的影响，也有待进一步研究。

总体来看，国内外学者和相关部门采用不同的方法对暴雨开展了相应的风险评估研究，具体的暴雨定义和风险评估方法并不统一。另外，采用单站点数据进行暴雨风险评估，与承灾体数据（社会经济、土地利用等）等关联度较低。中巴经济走廊地区承灾体数据同样较为缺乏，有关该地区的暴雨灾害风险评估研究较少且主要集中在降水特征、暴雨成因及洪水等方面[44-48]。开展该地区的暴雨灾害风险评估，对区域及应对与暴雨有关的灾害具有重要的科学价值和现实意义。

3.1　数据与方法

3.1.1　数据

本书采用的栅格化降水数据基于澳大利亚科学家 Hutchinson 开发的 ANUSPLIN 插值软件生成。该软件通过薄盘平滑样条函数进行空间插值，是一种较为成熟的气象要素空间插值工具。目前使用该软件进行气候类数据插值的应用较多，插值中可以引入协变量（通常是高程，气象要素的分布一般与高程相关）以使插值精度更高，插值结果更为平滑，尤其对气象要素地带性分布特征具有非常好的描述能力[49]。考虑到降水在空间分布上的不连续性，为减少地形因素对插值结果的影响，利用 ANUSPLIN 软件以海拔为协变量对气候场进行插值，由站点数据插值得到中巴经济走廊地区 0.25°×0.25°逐日降水栅格数据。1961~2015 年中巴经济走廊及其周边地区 80 个气象台站观测数据来自全球历史气候网（GHCN）[50]、巴基斯坦气象局（PMD）及中国气象局国家气象信息中心制作的"中国国家级地面气象站基本气象要素日值数据集（V3.0）"。对数据质量进行了严格的检验。研究区及气象站点空间分布如图 3-1 所示。

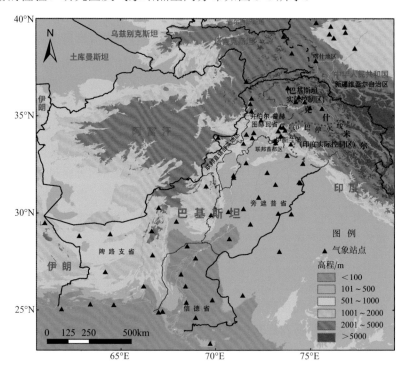

图 3-1　中巴经济走廊及周边地区气象站点空间分布

中巴经济走廊格点化气象数据处理流程如图 3-2 所示，数据集的产生主要包括 4 个部分，分别为原始数据输入、数据处理、输出为符合要求的数据格式和编写批处理代码进行空间插值。原始输入数据主要包括中巴经济走廊 1961~2015年及其周边地区逐日气象站点数据、气象台站信息资料和 DEM 数据。数据处理部分主要将样本量小于 50%的站点作为无效站点进行剔除，用反距离加权（IDW）法对剩下的有效站点的缺测值进行插补，保证插值过程和结果的可信度，然后输出为 ANUSPLIN 软件需要的数据格式；另外根据插值精度，将中巴经济走廊地区 DEM 数据重采样为 0.25°×0.25°空间分辨率，然后以 ASCII 码数据格式类型输出。空间插值部分主要在 ANUSPLIN 软件中完成，通过编写批处理脚本文件，进行空间插值。

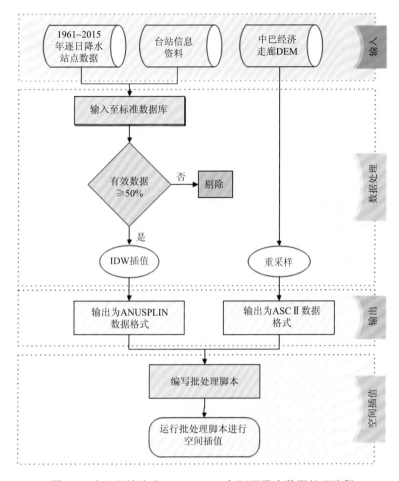

图 3-2　中巴经济走廊 1961～2015 年逐日降水数据处理流程

为了验证数据精度,本书采用了 3 个未进行插值的台站(Chitrāl、D. I. Khan、Mandi Bahauddin)观测降水及目前国际上常用的逐日降水数据(PGFMD、CHIRPS 及 MSWEP)集对降水栅格数据进行验证,结果表明本数据集具有更高的精度,能够较好地反映出真实的降水时空分布特征,具体内容可参考文献[51]。人口经济数据采用哥伦比亚大学国际地球科学信息网络中心 (https://sedac.ciesin. columbia.edu)所提供的调整后的第 4 版世界网格人口数据集(GPWv4)中的 2015 年人口密度数据,该数据原始空间分辨率为 5 km;GDP 数据采用芬兰科学院发布的 2015 年全球 GDP 数据,该数据原始空间分辨率为 10 km。耕地数据采用哥白尼全球土地服务中心提供的 2015 年耕地面积占比数据(https://lcviewer. vito.be),该数据原始空间分辨率为 100 m。植被指数采用来自于 AVHRR 传感器的 GIMMS NDVI 第三代（NDVI3g）全球覆盖产品的 2015 年数据，该数据空间分辨率为 1/12°（约 8 km）；土壤厚度、土壤湿度均来自于美国国家航空航天局（NASA）下属的数据开放平台（EARTHDATA）的 2015 年土壤厚度和土壤湿度数据（https://daac.ornl.gov），该数据原始空间分辨率为 1 km[52]。灾害损失数据主要来自于紧急灾难数据库（EM-DAT）的 1961～2015 年中巴经济走廊地区暴雨灾害损失数据（https://public.emdat.be），主要包括开始时间、结束时间、发生位置、死亡人数等。

3.1.2 暴雨事件识别

一次暴雨事件在时空中是连续变化的，它由多个时间状态组成，且每个时间状态包含一个或多个暴雨对象，于是可以通过追踪相邻时空范围拓扑相交的暴雨对象来实现暴雨事件的提取和追踪[53]。鉴于此，本书提出一种基于逐日降水格点数据识别暴雨事件的方法，对中巴经济走廊地区暴雨事件进行识别并展开研究。具体步骤如下。

步骤 1：识别超暴雨事件阈值格点。考虑到中巴经济走廊的实际情况，参照新疆维吾尔自治区地方标准[54]，本书将 24 h 降水量为 24 mm 以上的强降雨定义为暴雨，即选取各格点降水量大于 24 mm 作为各格点的暴雨事件阈值[图 3-3(a)]。

步骤 2：暴雨事件的空间聚类。对该地区每一天降水量超过暴雨事件阈值的连续格点进行聚类，得到各个持续一天的事件。由于范围足够大的暴雨事件可以引起洪水，并且零散格点产生暴雨事件可能是因为数据误差引起的，因此剔除小于 10 个格点的暴雨事件[55,56]。

步骤 3：识别暴雨事件。一次完整的暴雨事件应包括发生、发展与消亡的过程。其中，发展过程包括暴雨的移动、分裂与重新组合。由于同一次事件中的暴雨对象在时间和空间上是连续变化的，从发生到消亡的过程中暴雨对象移动距离较短，即相邻的两个时间点的暴雨对象存在空间上的重叠，那么可以认为这些空间拓扑相交且时间连续的暴雨对象为一次暴雨事件[图 3-3（b）]。

暴雨事件的强度、频次、持续时间和影响范围是反映暴雨事件影响程度的重要指标。本书定义暴雨事件的强度为该次暴雨事件过程中平均每天每个格点的降水量（单位：mm/d）；频次为每年暴雨事件的发生次数；持续时间为一次事件发生首日到结束日之间的天数（单位：d）；影响面积为一次事件最大影响面积（单位：km^2）。

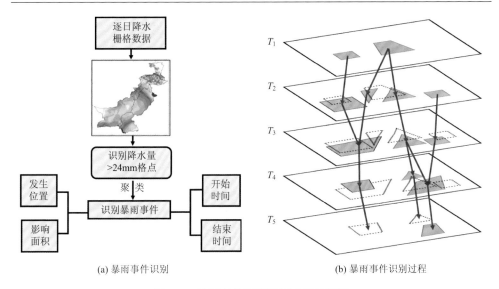

(a) 暴雨事件识别 　　　　　　　　(b) 暴雨事件识别过程

图 3-3　暴雨事件识别及其过程示意图

为了全面反映暴雨事件的综合影响程度，本书采用 Lu 等[57]基于理论推导事件过程的综合强度指数（Z）：

$$Z = I_a \times A_a^{0.5} \times T^{0.5} \tag{3-1}$$

式中，I_a 为暴雨事件的强度；A_a 为暴雨事件的平均影响范围，即暴雨事件过程中平均每日影响的格点数；T 为暴雨事件的持续时间。

3.1.3　风险评估框架

中巴经济走廊暴雨灾害风险评估步骤：第一，建立包含致灾因子危险性、承灾体暴露度和脆弱性的"H-E-V"风险评估框架及指标体系；第二，对各指标进行归一化处理；第三，采用层次分析法和熵权法确定各指标组合权重，计算危险性、暴露度和脆弱性指数；第四，计算中巴经济走廊地区暴雨灾害风险指数并绘制风险分布图。

IPCC 第五次评估报告突出了灾害风险评估在气候变化研究中的重要地位，提出了基于极端天气气候事件危险性、暴露度和脆弱性的"H-E-V"灾害风险评估框架[58]。联合国减少灾害风险办公室（UNDRR）和世界银行下设的全球减灾与恢复基金（GFDRR）等组织也将极端天气气候事件的风险看作是危险性、暴露度和脆弱性的组合[59]。本书基于此建立暴雨灾害风险评估框架：

$$R = NH^{w_{NH}} \times NE^{w_{NE}} \times NV^{w_{NV}} \tag{3-2}$$

危险性指数：
$$H = \sum_{i=1}^{j}\left(\alpha_i \times H_i\right) \qquad (3\text{-}3)$$

暴露度指数：
$$E = \sum_{i=1}^{j}\left(\beta_i \times E_i\right) \qquad (3\text{-}4)$$

脆弱性指数：
$$V = \sum_{i=1}^{j}\left(\delta_i \times V_i\right) \qquad (3\text{-}5)$$

式中，R 为风险；NH、NE 和 NV 分别为危险性、暴露度和脆弱性指数归一化后的数值；w_{NH}、w_{NE} 和 w_{NV} 分别为 NH、NE 和 NV 的权重；H、E 和 V 分别为危险性、暴露度和脆弱性指数；α_i、β_i 和 δ_i 分别为第 i 个指标所占的权重；H_i、E_i 和 V_i 为各指标归一化后的值；j 为评估指标个数。权重由层次分析法和熵权法进行组合确定。

3.1.4 指标体系构建

1. 致灾因子的危险性

危险性是指当降水过程异常或超常变化达到某个临界值时，给社会经济系统造成破坏的可能性和严重程度。致灾因子的危险性通常基于暴雨发生的强度、频次等指标进行评估。本书选取暴雨的强度、频次和暴雨雨量作为致灾因子的危险性指标。

2. 承灾体的暴露度

暴露度是指处在有可能受到不利影响位置的人员、生计、环境服务和各种资源的数量[15]。根据指标数据的可获得性，本书主要选取人口密度、耕地面积占比和植被指数作为暴雨灾害的暴露度指标。人口密度是风险评估研究中最常用的暴露度指标，一个地区人口密度越大，暴露在暴雨灾害中的人口数量就越多。巴基斯坦是一个农业大国，农业是国民经济的重要来源，耕地是重要的承灾体暴露度指标之一[60]。由暴雨引起的洪水灾害的发生在一定程度上与植被有关，植被具有一定的持水能力，植被越多，洪水灾害发生的可能性越小[61]。

3. 承灾体的脆弱性

脆弱性是指决定受到不利影响的倾向或趋势的物理、社会、经济、环境、文化、制度等因子[15]。为了衡量在暴雨灾害下承灾体的脆弱性，本书主要选取国内生产总值（GDP）、土壤厚度和土壤湿度作为暴雨灾害的脆弱性指标。一个地区的

GDP 越强，说明该区域承灾体在灾害来临时，抵御灾害及适应灾害的能力越强，而欠发达地区由于经济上的适应能力较差而受到的威胁较大[62]。

3.1.5 指标权重计算

1. 数据归一化

由于指标之间的含义和量纲各不相同，为了便于进行综合运算，需要对各指标数据进行量纲归一化处理，归一化后的数值能够反映出各评估指标对暴雨灾害风险的影响大小。暴雨的强度、频次、暴雨雨量、人口密度、耕地面积占比、植被指数、土壤湿度和土壤厚度是正向指标，GDP 是负向指标。归一化计算公式如下。

对于正向指标：

$$Y_{ij} = \left(X_i - X_{\min} \right) / \left(X_{\max} - X_{\min} \right) \tag{3-6}$$

对于负向指标：

$$Y_{ij} = \left(X_{\max} - X_i \right) / \left(X_{\max} - X_{\min} \right) \tag{3-7}$$

式中，Y_{ij} 为第 j 个指标的第 i 个值；X_i 是原始值；$X_{\max}$ 和 $X_{\min}$ 分别为第 j 个指标的最大值和最小值。

2. 层次分析法

层次分析法（analytic hierarchy process，AHP）是由美国运筹学家 Saaty 于 20 世纪 70 年代提出的一种定量与定性相结合的多层次权重分析决策方法[63]。层次分析法可以用来确定各指标的主观权重。AHP 确定评估指标权重的步骤为：第一，构造判断矩阵。通过引入九分位的相对重要的比例标度，对指标两两重要性进行比较和分析判断矩阵用以表示同一层次各个指标的相对重要性的判断值，对两两指标的相对重要性程度进行量化。第二，计算各指标主观权重 w_i'。AHP 方法的信息基础是判断矩阵，利用排序原理，求得矩阵排序矢量。第三，对判断矩阵进行一致性检验。计算一致性比例 R_C，当 $R_C < 0.10$ 时，认为判断矩阵的一致性是可以接受的，否则应对判断矩阵作适当修正。

3. 熵权法

在多指标综合评估中，熵权法可以客观地反映各评估指标的权重[64]。一个系统的有序程度越高，则熵值越大，权重越小；反之则熵值越小，权重越大。对于一个评估指标，指标值之间的差距越大，则该指标在综合评估中所起的作用越大；如果某项指标的指标值全部相等，则该指标在综合评估中不起作用。因此，参与计算的每个指标值序列必须是完整的，如果某个指标值序列缺失值太多，就有可能会导致权重分配过大。具体计算可由以下公式实现。

假设研究区像元数为 n，采用的指标个数为 m，则指标矩阵为：$\mathrm{RE} = (r_{ij})_{m \times n}$。第 i 个指标的熵定义为

$$S_i = -\frac{1}{\ln n}\sum_{j=1}^{n} f_{ij}\ln f_{ij} \qquad (3\text{-}8)$$

式中，S_i 为第 i 个指标的熵；n 为像元的个数；j 为评估对象；当 $f_{ij}=0$ 时，令 $f_{ij}\ln f_{ij}=0$；f_{ij} 定义为

$$f_{ij} = -\frac{Z_{ij}}{\displaystyle\sum_{j=1}^{n} Z_{ij}} \qquad (3\text{-}9)$$

式中，Z_{ij} 指第 i 个指标下第 j 个评估对象归一化后的指标值。

第 i 个指标的熵权定义为

$$w_i'' = \frac{1-S_i}{\displaystyle\sum_{i=1}^{m}(1-S_i)} \qquad (3\text{-}10)$$

式中，w_i'' 为第 i 个指标的熵权，$0 \leqslant w_i'' \leqslant 1$；$S_i$ 为第 i 个指标的熵，$\displaystyle\sum_{i=1}^{m} S_i = 1$；$m$ 为评估指标的个数。

4. 组合权重

根据以上方法分别得出主观权重和客观权重后，本书引入距离函数并采用线性组合法得出暴雨灾害风险评估中的组合权重[57]。确定组合权重的表达式为

$$w_i = aw_i' + bw_i'' \qquad (3\text{-}11)$$

式中，w_i 为组合权重；w_i' 为 AHP 法得到的第 i 个指标的主观权重；w_i'' 为熵权法得到的第 i 个指标的客观权重；a、b 是权重的分配系数，$a+b=1$。

主观权重与客观权重的距离函数表达式为

$$d(w_i', w_i'') = \left[\frac{1}{2}\sum_{i=1}^{n}(w_i' - w_i'')^2\right]^{\frac{1}{2}} \qquad (3\text{-}12)$$

a 与 b 的差值是分配系数间的差异：

$$D = |a-b| \qquad (3\text{-}13)$$

构造方程组如下：

$$\begin{cases} d\left(w_i',w_i''\right)^2 = \left(a-b\right)^2 \\ a+b=1 \end{cases} \tag{3-14}$$

通过求解方程组可以得到各权重的分配系数 a 和 b，将分配系数代入式（3-11）可得出组合权重，见表 3-1。

表 3-1 暴雨灾害风险指标权重

目标层	因子层	指标层	AHP	熵权法	组合权重
暴雨灾害 风险指数	危险性（0.6240）	暴雨雨量	0.6370	0.4252	0.5536
		暴雨强度	0.2583	0.2565	0.2576
		暴雨频次	0.1047	0.3183	0.1888
	暴露度（0.2503）	人口密度	0.6370	0.4597	0.5638
		耕地面积占比	0.2583	0.4300	0.3292
		植被指数	0.1047	0.1103	0.1070
	脆弱性（0.1257）	GDP	0.6370	0.0008	0.5816
		土壤厚度	0.2583	0.6130	0.2303
		土壤湿度	0.1047	0.3862	0.1881

3.1.6 风险等级划分

为了明确中巴经济走廊地区暴雨灾害风险评估体系中各指标等级特征，采用标准差分级法对暴雨危险性、承灾体暴露度及脆弱性和暴雨风险指数进行分级，对应分级标准见表 3-2。

表 3-2 暴雨灾害风险评估分级标准

风险	等级	标准
高	1	指标值≥平均值+1 σ
较高	2	平均值+0.5 σ ≤指标值＜平均值+1 σ
中	3	平均值−0.5 σ ≤指标值＜平均值+0.5 σ
较低	4	平均值−1 σ ≤指标值＜平均值−0.5 σ
低	5	指标值＜平均值−1 σ

注：指标值为暴雨灾害风险评估结果各指标值，平均值为研究区非 0 风险指标均值，σ 为研究区非 0 风险指标值标准差。

3.2 暴雨灾害时空变化

3.2.1 暴雨事件特征

　　采用本书提出的识别方法对中巴经济走廊地区 1961～2015 年暴雨事件进行识别，共识别出 1802 次暴雨事件，平均每年发生约 33 次。图 3-4 为识别出的该地区一次持续 5 天的暴雨事件，本次事件于 2015 年 7 月 30 日发生在旁遮普省北部，8 月 1 日达到最大影响范围，覆盖了旁遮普省北部、自由克什米尔、伊斯兰堡首都区和开伯尔-普赫图赫瓦省部分地区，8 月 2 日在开伯尔-普赫图赫瓦省中部出现本次事件最大降水量，8 月 3 日结束于吉尔吉特-巴尔蒂斯坦地区。

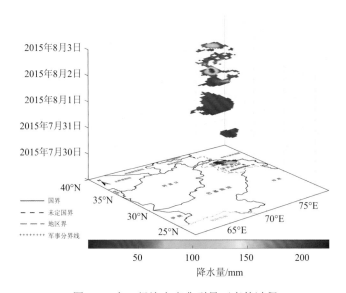

图 3-4　中巴经济走廊典型暴雨事件过程

　　对识别出的暴雨事件综合强度（Z）排序，确定了 1961～2015 年中巴经济走廊地区暴雨事件综合强度排名中的前五强：1995 年 7 月 18～28 日、1992 年 9 月 8～11 日、2010 年 7 月 27～31 日、2012 年 9 月 9～13 日和 1997 年 8 月 26～28 日，这与巴基斯坦水电发展署（WAPDA）、联邦洪水委员会（FFC）及 EM-DAT 所记载的暴雨事件较为一致，且与文献中记载的灾害事件也较为符合[65,66]。由此可见，本书采用的暴雨事件的识别方法具有客观性、可靠性。

　　暴雨事件的强度、频次、影响面积和综合强度指数等是描述其特征的重要指标[10]。1961～2015 年中巴经济走廊地区暴雨事件强度、频次、影响面积和综合强度的年际变化如图 3-5 所示。1961～2015 年，中巴经济走廊地区暴雨事件的强度并无显著变化趋势[图 3-5（a）]。暴雨事件的频次、影响面积及综合强度指数均呈显著增加趋势[图 3-5（b）～（d）]，其中暴雨频次在 2015 年达到历史最大值，而暴雨事件的影响面积和综合强度指数最大值均出现在 1998 年。

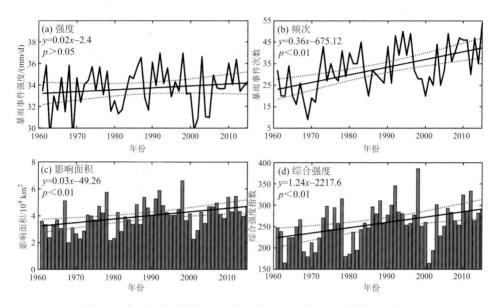

图 3-5 中巴经济走廊暴雨强度、频次、影响面积及综合强度变化

3.2.2 暴雨灾害损失

尽管中巴经济走廊年平均降水量小于 250 mm 的地区占区域面积的四分之三以上，但受南亚季风影响，中巴经济走廊夏季暴雨频发，受地形、排水不畅等因素影响经常积水成涝（图 3-6）。暴雨灾害导致的人员死亡主要由暴雨洪水、泥石流、滑坡、房屋倒塌或触电造成。此外，瞬时阵风和暴雨使许多城市的树木、电线杆和路边广告牌倾倒，对路人也会造成伤害。

从中巴经济走廊 1961～2015 年典型暴雨灾害损失空间分布（图 3-7）可以看出，整个中巴经济走廊除中国喀什地区外均遭受过暴雨灾害损失。尽管中巴经济走廊降水量最大值和极端降水量阈值较大地区位于本书研究区北部地区，但暴雨灾害损失较大的区域主要在巴基斯坦的旁遮普省和信德省。通常，引起巴基斯坦暴雨的直接原因是热带季风带来的高强度降水，每年进入季风季（6～9 月）后，巴基斯坦通常会迎来 3～4 轮为期 3～5 天的强降雨天气。在全球变化背景下，除强降雨外，研究区北部山区冰川融化导致冰川湖溃决同样也会加剧洪水灾害。

图 3-6 巴基斯坦卡拉奇 2020 年 8 月 27 日暴雨（来源：中国青年报）

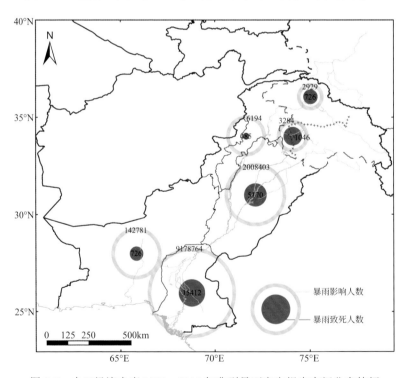

图 3-7 中巴经济走廊 1961～2015 年典型暴雨灾害损失空间分布特征

3.3　暴雨灾害风险评估

3.3.1　暴雨灾害危险性

选取暴雨雨量[图 3-8（a）]、暴雨日数[图 3-8（b）]和暴雨强度[图 3-8（c）]作为危险性指标。其中，暴雨雨量高的地区主要分布在旁遮普省东北部和信德省北部地区，最高达到 364 mm。暴雨日数高的地区主要分布在开伯尔-普赫图赫瓦省北部地区，长持续时间为 7 d。暴雨强度高的地区主要分布在信德省北部地区，最高达到 150 mm/d。基于以上三个指标计算了暴雨灾害的危险性指数并进行分级，绘制了致灾因子的危险性空间分布[图 3-8（d）]，中巴经济走廊高（较高）危险性地区主要分布在旁遮普省的北部、信德省东南部、自由克什米尔等地区，约占研究区总面积的 14.81%。

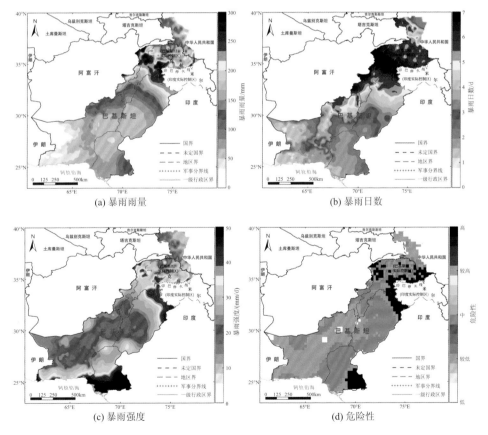

图 3-8　中巴经济走廊暴雨灾害危险性指数空间分布

3.3.2　暴雨灾害暴露度

暴露度指标主要包括人口密度[图 3-9（a）]、耕地面积占比[图 3-9（b）]和植被指数[图 3-9（c）]。从人口密度图可看出，中巴经济走廊地区人口密度分布不均，人口密度高的地区主要集中在伊斯兰堡首都区、开伯尔-普赫图赫瓦省中部、旁遮普省北部和信德省西南部等地区。耕地面积占比高的地区主要集中在旁遮普省和信德省。植被指数的空间分布与人口密度相似，植被指数高的地区主要集中在开伯尔-普赫图赫瓦省中部和旁遮普省。从承灾体的暴露度空间分布[图 3-9（d）]可以看出，联邦首都区、旁遮普省、信德省均属于高（较高）暴露水平地区，占研究区总面积的 21.71%。

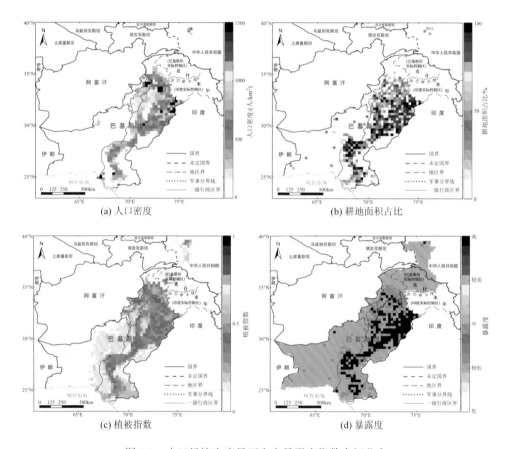

图 3-9　中巴经济走廊暴雨灾害暴露度指数空间分布

3.3.3　暴雨灾害脆弱性

脆弱性指标主要包括国内生产总值（GDP）、土壤厚度和土壤湿度。其中 GDP 较高的地区主要分布在伊斯兰堡首都区、旁遮普省东北部和信德省西南部 [图 3-10 （a）]；土壤厚度高的地区主要分布在信德省、旁遮普省和俾路支省部分地区 [图 3-10（b）]；土壤湿度高的地区主要分布在开伯尔 - 普赫图赫瓦省东北部等地区 [图 3-10（c）]。从脆弱性空间分布 [图 3-10（d）] 可以看出，脆弱性高（较高）的地区主要集中在信德省和旁遮普省等地区，占研究区总面积的 36.86%。

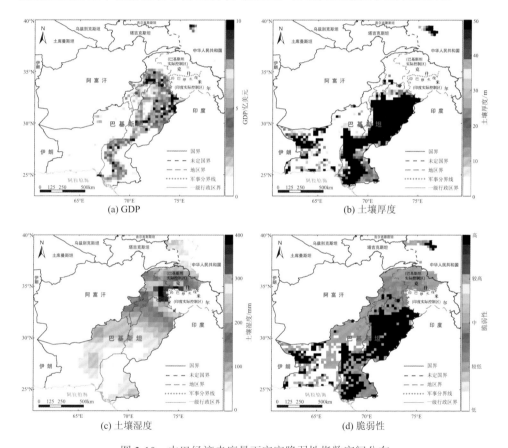

图 3-10　中巴经济走廊暴雨灾害脆弱性指数空间分布

3.3.4　暴雨灾害风险评估与区划

将致灾因子的危险性指数、承灾体的暴露度指数和脆弱性指数归一化后通过风险评估模型计算得到暴雨灾害风险指数，然后采用标准差法进行风险分级并绘制暴雨灾害风险等级空间分布图（图3-11）。中巴经济走廊地区高（较高）风险区主要分布在旁遮普省和信德省等地区，约占研究区总面积的23.68%；中风险区主要分布在开伯尔-普赫图赫瓦省和信德省东南部等地区，约占研究区总面积的13.95%；低（较低）风险区域占比最大（62.37%），主要分布在俾路支省南部、吉尔吉特-巴尔蒂斯坦和中国喀什等地区。

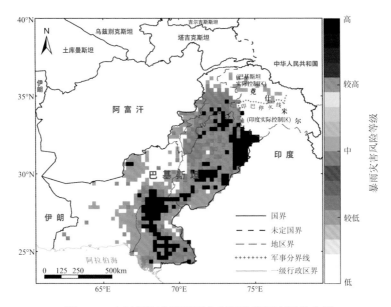

图 3-11　中巴经济走廊暴雨灾害风险等级空间分布图

　　针对中巴经济走廊各行政单元暴雨灾害风险进行进一步统计，整个中巴经济走廊大部分地区属于低（较低）风险区，中等及其以上风险区面积占比为37.63%。旁遮普省和信德省高风险地区占比最高，分别为30.23%和33.33%。俾路支省、吉尔吉特-巴尔蒂斯坦地区和中国喀什地区绝大部分处于低（较低）风险区，其中中国喀什地区全部属于低风险区（图3-12）。大量研究指出，海表温度和 ENSO指数显著相关的印度洋季风是巴基斯坦夏季暴雨的最主要影响因素[67,68]。Singh等[69]研究发现 ENSO 遥相关在未来将基本保持稳定，ENSO 事件频率将增加约22%。可以预见，在全球变暖背景下，中巴经济走廊地区暴雨灾害风险将进一步加剧。世界气候归因组织（World Weather Attribution, WWA）最新发布的一项研究报告也表明：人类活动导致的气候变化可能是巴基斯坦暴雨增加的主要原因，未来该地区暴雨雨量将进一步增加，减少暴雨灾害的脆弱性迫在眉睫[70]。

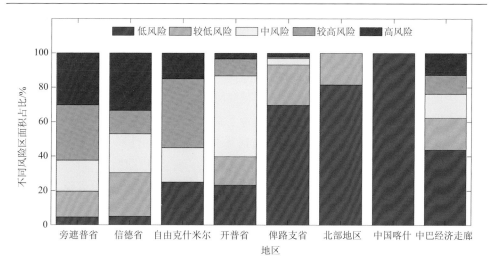

图 3-12　中巴经济走廊及各行政单元暴雨灾害不同风险区面积占比

本书收集并统计了 1961～2015 年中巴经济走廊暴雨灾害事件频发区死亡人数的空间分布（图 3-13）。暴雨主要发生在旁遮普省、自由克什米尔、信德省及其他部分地区，均属于本书所划分出的中高风险区，与本书结果较为一致。其中受暴雨灾害影响最严重、造成死亡人数最多的四个城市分别为拉瓦尔品第（2122人）、伯丁（2169人）、达杜（3761人）和海得拉巴（5564人）。自由克什米尔全部地区均属于暴雨频发区，该地区死亡人数为 1046人。暴雨灾损记录与本书结果

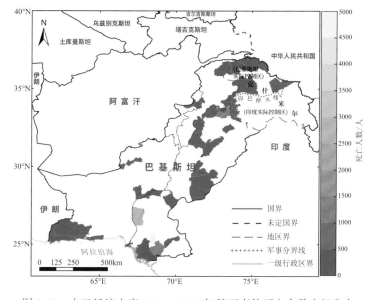

图 3-13　中巴经济走廊 1961～2015 年暴雨事件死亡人数空间分布

表明，信德省和旁遮普省北部是暴雨灾害风险最大、受灾最严重的地区。此外，通过本书的评估结果与历史暴雨灾害损失的比较，证实了本书的方法和结果基本可信。

中巴经济走廊气象站点稀疏，特别是高海拔山区站点数据缺测严重，严重制约了该地区气象水文灾害风险评估。鉴于此，本章研究了中巴经济走廊地区1961~2015年逐日降水栅格数据。考虑到暴雨事件的移动性和持续性特征，基于该栅格数据对历史暴雨事件进行了识别并辨识了其时空变化特征。最后，采用基于致灾因子的危险性、承灾体的暴露度与脆弱性的"H-E-V"灾害风险评估框架对研究区暴雨灾害进行风险评估，结论如下：

（1）提出了一种暴雨事件的客观识别方法，与历史事件的对比表明该方法可以较好地识别暴雨事件过程。中巴经济走廊地区暴雨事件的频次、影响面积和综合强度指数均呈显著上升趋势。

（2）中巴经济走廊地区暴雨灾害风险分布具有明显的空间差异，高（较高）风险区主要分布在旁遮普省北部和信德省东南部等地区；低（较低）风险区域主要分布在俾路支省西南部和中国喀什等地区。

（3）历史暴雨事件灾损空间分布与本书的评估结果基本一致，本书采用的方法和研究结果具有一定的可靠性，可为中巴经济走廊地区减缓暴雨灾害风险提供参考。

目前识别暴雨事件的方法较多，本书中暴雨事件的识别基于逐日降水栅格数据，未来可以采用更高时空分辨率的降水数据以增加暴雨过程与天气系统匹配度。在暴露度与脆弱性指标选取方面，目前并没有统一的指标体系[71]，本书主要考虑到该地区数据的可获取性（比如医疗卫生、应急措施等指标难以获取）及各指标与暴雨事件的相关性来选取。因此，未来获取到更多指标后可以进一步提高风险评估的可靠性。值得一提的是，大量研究表明：21世纪在全球持续增温情景下，快速增加的温室气体会加强南印度洋向南亚季风区的水汽输送，导致南亚降水的增加[72-75]。这也预示着未来中巴经济走廊尤其是巴基斯坦将有更多的人口暴露于暴雨事件中。张文霞等[76]研究发现，南亚季风区是全球增温影响最大的敏感地区，若将全球增温控制在1.5℃，与《巴黎协定》确定的2℃温升目标相比，将能显著减少对"危险"极端降水事件的暴露度。由此可见，全球控温对于减少中巴经济走廊暴雨人口暴露度至关重要。未来可基于第六次耦合模式比较计划（CMIP6）气候模式数据结合共享社会经济路径下的人口、GDP等承灾体数据进行中巴经济走廊地区暴雨事件的风险预估。

参 考 文 献

[1] Masson-Delmotte V, Zhai P, Pirani A, et al. Climate Change 2021: The Physical Science Basis[M]. Contribution of Working Group I to the Sixth Assessment Report of the Intergovernmental Panel on Climate Change. Cambridge: Cambridge University Press, 2021.

[2] Donat M G, Angélil O, Ukkola A M. Intensification of precipitation extremes in the world's humid and water-limited regions[J]. Environmental Research Letters, 2019, 14(6): 065003.

[3] Fowler H J, Lenderink G, Prein A F, et al. Anthropogenic intensification of short-duration rainfall extremes[J]. Nature Reviews Earth & Environment, 2021, 2: 107-122.

[4] Wilhelmi O V, Morss R E. Integrated analysis of societal vulnerability in an extreme precipitation event: A Fort Collins case study[J]. Environmental Science & Policy, 2013, 26: 49-62.

[5] Zhang W X, Zhou T J. Significant increases in extreme precipitation and the associations with global warming over the global land monsoon regions[J]. Journal of Climate, 2019, 32(24): 8465-8488.

[6] Pfahl S, O'Gorman P A, Fischer E M. Understanding the regional pattern of projected future changes in extreme precipitation[J]. Nature Climate Change, 2017, 7: 423-427.

[7] Kotz M, Levermann A, Wenz L. The effect of rainfall changes on economic production[J]. Nature, 2022, 601: 223-227.

[8] 苏爱芳, 吕晓娜, 崔丽曼, 等. 郑州"7·20"极端暴雨天气的基本观测分析[J]. 暴雨灾害, 2021, 40(5): 445-454.

[9] Ministry of Planning Development & Special Initiatives. Pakistan Floods 2022: Post-disaster Needs Assessment[R]. Islāmābād, Pakistan, 2022.

[10] Thackeray C W, Hall A, Norris J, et al. Constraining the increased frequency of global precipitation extremes under warming[J]. Nature Climate Change, 2022, 12: 441-448.

[11] 中华人民共和国国家质量监督检验检疫总局, 中国国家标准化管理委员会. 暴雨灾害等级: GB/T 33680—2017 [S]. 北京: 中国标准出版社, 2017.

[12] 陈栋, 黄荣辉, 陈际龙. 我国夏季暴雨气候学的研究进展与科学问题[J]. 气候与环境研究, 2015, 20(4): 477-490.

[13] 陶玮, 郭婷, 吴瑞姣, 等. 安徽省暴雨灾害预警等级的划分及其应用[J]. 暴雨灾害, 2021, 40(2): 174-181.

[14] 丁一汇. 论河南"75. 8"特大暴雨的研究: 回顾与评述[J]. 气象学报, 2015, 73(3): 411-424.

[15] 葛咏, 李强子, 凌峰, 等. "一带一路"关键节点区域极端气候风险评价及应对策略[J]. 中国科学院院刊, 2021, 36(2): 170-178.

[16] Madakumbura G D, Thackeray C W, Norris J, et al. Anthropogenic influence on extreme precipitation over global land areas seen in multiple observational datasets[J]. Nature

Communications, 2021, 12: 3944.

[17] 黎跃勇, 周威, 李好, 等. 基于优势分析法的暴雨综合致灾指数及阈值研究——以张家界市保险业为例[J]. 暴雨灾害, 2022, 41(2): 232-239.

[18] 孔锋, 史培军, 方建, 等. 全球变化背景下极端降水时空格局变化及其影响因素研究进展和展望[J]. 灾害学, 2017, 32(2): 165-174.

[19] 万昔超, 殷伟量, 孙鹏, 等. 基于云模型的暴雨洪涝灾害风险分区评价[J]. 自然灾害学报, 2017, 26(4): 77-83.

[20] 彭建, 魏海, 武文欢, 等. 基于土地利用变化情景的城市暴雨洪涝灾害风险评估——以深圳市茅洲河流域为例[J]. 生态学报, 2018, 38(11): 3741-3755.

[21] Donat M, Lowry A, Alexander L, et al. More extreme precipitation in the world's dry and wet regions[J]. Nature Climate Change, 2016, 6: 508-513.

[22] Duan W, Takara K. Extreme Precipitation Events, Floods, and Associated Socio-economic Damages in China in Recent Decades[M]//Impacts of Climate and Human Activities on Water Resources and Quality. Singapore: Springer, 2020.

[23] Kirchmeier-Young M C, Zhang X B. Human influence has intensified extreme precipitation in North America[J]. Proceedings of the National Academy of Sciences, 2020, 117(24): 13308-13313.

[24] Nie J, Dai P X, Sobel A H. Dry and moist dynamics shape regional patterns of extreme precipitation sensitivity[J]. Proceedings of the National Academy of Sciences, 2020, 117 (16): 8757-8763.

[25] 周杰, 赵俊虎, 李永华, 等. 西南地区东部区域性暴雨事件的客观识别及其变化特征[J]. 高原气象, 2021, 40(4): 789-800.

[26] 谌芸, 陈涛, 汪玲瑶, 等. 中国暖区暴雨的研究进展[J]. 暴雨灾害, 2019, 38(5): 483-493.

[27] Li J, Zhang Q, Chen Y D, et al. Future joint probability behaviors of precipitation extremes across China: Spatiotemporal patterns and implications for flood and drought hazards[J]. Global and Planetary Change, 2015, 124: 107-122.

[28] Gori A, Lin N, Xi D, et al. Tropical cyclone climatology change greatly exacerbates US extreme rainfall-surge hazard[J]. Nature Climate Change, 2022, 12: 171-178.

[29] 马铮, 王国复, 张颖娴. 1961~2019 年中国区域连续性暴雨过程的危险性区划[J]. 气候变化研究进展, 2022, 18(2): 142-153.

[30] Zhu L, Quiring S M. Exposure to precipitation from tropical cyclones has increased over the continental United States from 1948 to 2019[J]. Communications Earth & Environment, 2022, 3: 312.

[31] Fischer E M, Sippel S, Knutti R. Increasing probability of record-shattering climate extremes[J]. Nature Climate Change, 2021, 11: 689-695.

[32] Adrianto L, Matsuda Y. Developing economic vulnerability indices of environmental disasters in small island regions[J]. Environmental Impact Assessment Review, 2002, 22(4): 393-414.

[33] 孙阿丽, 石勇, 石纯. 上海市水灾风险分析[J]. 自然灾害学报, 2011, 20(6): 94-98.

[34] 范擎宇, 何福红, 马国斌, 等. 基于过程降雨的暴雨灾害危险性评估——以松花江流域为例[J]. 地理与地理信息科学, 2016, 32(2): 100-110.

[35] Sloat L L, Davis S J, Gerber J S, et al. Climate adaptation by crop migration[J]. Nature Communications, 2020, 11: 1243.

[36] 王艳君, 高超, 王安乾, 等. 中国暴雨洪涝灾害的暴露度与脆弱性时空变化特征[J]. 气候变化研究进展, 2014, 10(6): 391-398.

[37] 韩钦梅, 吕建军, 史培军. 湖北省暴雨人口暴露时空特征与贡献率研究[J]. 灾害学, 2018, 33(4): 191-196.

[38] Sano T, Oki T. Future population transgress climatic risk boundaries of extreme temperature and precipitation[J]. Environmental Research Communications, 2022, 4: 081001.

[39] 杨佩国, 靳京, 赵东升, 等. 基于历史暴雨洪涝灾情数据的城市脆弱性定量研究——以北京市为例[J]. 地理科学, 2016, 36(5): 733-741.

[40] 权瑞松. 基于情景模拟的上海中心城区建筑暴雨内涝脆弱性分析[J]. 地理科学, 2014, 34(11): 1399-1403.

[41] Shi Y. Population vulnerability assessment based on scenario simulation of rainstorm-induced waterlogging: A case study of Xuhui District, Shanghai City[J]. Natural Hazards, 2013, 66(2): 1189-1203.

[42] 高超, 张正涛, 刘青, 等. 承灾体脆弱性评估指标的最优格网化方法——以淮河干流区暴雨洪涝灾害为例[J]. 自然灾害学报, 2018, 27(3): 119-129.

[43] Balica S F, Wright N G, van der Meulen F. A flood vulnerability index for coastal cities and its use in assessing climate change impacts[J]. Natural Hazards, 2012, 64(1): 73-105.

[44] 陈金雨, 陶辉, 刘金平, 等. 中巴经济走廊极端降水时空变化研究[J]. 高原气象, 2021, 40(5): 1048-1056.

[45] Hartmann H, Buchanan H. Trends in extreme precipitation events in the Indus River Basin and flooding in Pakistan[J]. Atmosphere-Ocean, 2014, 52(1): 77-91.

[46] Hunt K M R, Turner A G, Shaffrey L C. Extreme daily rainfall in Pakistan and north India: Scale Interactions, mechanisms, and precursors[J]. Monthly Weather Review, 2018, 146: 1005-1022.

[47] Houze Jr R A, Rasmussen K L, Medina S, et al. Anomalous atmospheric events leading to the summer 2010 floods in Pakistan[J]. Bulletin of the American Meteorological Society, 2011, 92: 291-298.

[48] Wang S Y, Davis R E, Huang W R, et al. Pakistan's two-stage monsoon and links with the recent climate change[J]. Journal of Geophysical Research, 2011, 116(D16).

[49] Hutchinson M F, Xu T B. ANUSPLIN Version 4.4 User Guide[R]. Canberra: Australian National University, 2013.

[50] Lawrimore J H, Menne M J, Gleason B E, et al. An overview of the Global Historical Climatology Network monthly mean temperature data set, version 3[J]. Journal of Geophysical Research: Atmospheres, 2011, 116: D19.

[51] 陈金雨, 陶辉, 刘金平. 1961—2015 年中巴经济走廊逐日气象数据集[J]. 中国科学数据, 2021, 6(2): 229-238.

[52] Pelletier J D, Broxton P D, Hazenberg P, et al. Global 1-km gridded thickness of soil, regolith, and sedimentary deposit layers[J]. ORNL DAAC, Oak Ridge, Tennessee, USA, 2016.

[53] 杨光辉, 薛存金, 刘敬一, 等. 基于时序栅格的暴雨事件提取与追踪方法[J]. 应用科学学报, 2019, 37(4): 510-517.

[54] 新疆维吾尔自治区质量技术监督局. 降水量级别 DB65/ T3273—2011 [S], 2011.

[55] Roxy M K, Ghosh S, Pathak A, et al. A threefold rise in widespread extreme rain events over central India[J]. Nature communications, 2017, 8: 708.

[56] Dhar O, Nandargi S. On some characteristics of severe rainstorms of India[J]. Theoretical and Applied Climatology, 1995, 50: 205-212.

[57] Lu E, Zhao W, Zou X K, et al. Temporal-spatial monitoring of extreme precipitation event: Determining simultaneously the time period it lasts and the geographic region it affects[J]. Journal of Climate, 2017, 30: 6123-6132.

[58] Field C B, Barros V, Stocker T F, et al. Managing the Risks of Extreme Events and Disasters to Advance Climate Change Adaptation: Special Report of the Intergovernmental Panel on Climate Change[M]. Cambridge: Cambridge University Press, 2012.

[59] Jha S K. Global Facility for Disaster Reduction and Recovery: A Partnership for Mainstreaming Disaster Mitigation in Poverty Reduction Strategies[R]. Washington DC: The World Bank, 2013.

[60] Adnan S, Ullah K, Gao S, et al. Shifting of agro-climatic zones, their drought vulnerability, and precipitation and temperature trends in Pakistan[J]. International Journal of Climatology, 2017, 37(S1): 529-543.

[61] 刘媛媛, 王绍强, 王小博, 等. 基于AHP-熵权法的孟印缅地区洪水灾害风险评估[J]. 地理研究, 2020, 39(8): 1892-1906.

[62] Hu P, Zhang Q, Shi P, et al. Flood-induced mortality across the globe: Spatiotemporal pattern and influencing factors[J]. Science of the Total Environment, 2018, 643: 171-182.

[63] Dyer J S. Remarks on the analytic hierarchy process[J]. Management Science, 1990, 36(3): 249-258.

[64] 张星. 自然灾害灾情的熵权综合评价模型[J]. 自然灾害学报, 2009, 18(6): 189-192.

[65] Rahman A U, Shaw R. Hazard, Vulnerability and Risk: The Pakistan Context[M]//Rahman A U, Khan A, Shaw R. Disaster Risk Reduction Approaches in Pakistan. Disaster Risk Reduction. Tokyo: Springer, 2015.

[66] van der Schrier G, Rasmijn L, Barkmeijer J, et al. The 2010 Pakistan floods in a future climate[J]. Climatic Change, 2018, 148(1): 205-218.

[67] Kim M K, Lau W K M, Kim K M. et al. Amplification of ENSO effects on Indian summer monsoon by absorbing aerosols[J]. Climate Dynamics, 2016, 46: 2657-2671.

[68] Hussain M S, Kim S, Lee S. On the relationship between Indian ocean dipole events and the precipitation of Pakistan[J]. Theoretical and Applied Climatology, 2017, 130: 673-685.

[69]　Singh J, Ashfaq M, Skinner C B. et al. Enhanced risk of concurrent regional droughts with increased ENSO variability and warming[J]. Nature Climate Change, 2022, 12: 163-170.

[70]　Otto F E L, Zachariah M, Saeed F, et al. Climate Change Likely Increased Extreme Monsoon Rainfall, Flooding Highly Vulnerable Communities in Pakistan[R]. London: World Weather Attribution, 2022.

[71]　李超超, 田军仓, 申若竹. 洪涝灾害风险评估研究进展[J]. 灾害学, 2020, 35(3): 131-136.

[72]　Huang P, Xie S P, Hu K, et al. Patterns of the seasonal response of tropical rainfall to global warming[J]. Nature Geoscience, 2013, 6: 357-361.

[73]　Bosmans J, Erb M P, Dolan A M, et al. Response of the Asian summer monsoons to idealized precession and obliquity forcing in a set of GCMs[J]. Quaternary Science Reviews, 2018, 188: 121-135.

[74]　Clemens S C, Yamamoto M, Thirumalai K, et al. Remote and local drivers of Pleistocene South Asian summer monsoon precipitation: A test for future predictions[J]. Science Advances, 2021, 7(23): eabg3848.

[75]　Li G, Xie S P, He C, et al. Western Pacific emergent constraint lowers projected increase in Indian summer monsoon rainfall[J]. Nature Climate Change, 2017, 7: 708-712.

[76]　Zhang W, Zhou T, Zou L, et al. Reduced exposure to extreme precipitation from 0.5℃ less warming in global land monsoon regions[J]. Nature Communications, 2018, 9: 3153.

第4章 中巴经济走廊高温灾害

近百年特别是近半个世纪以来，全球地表温度表现出前所未有的强烈增暖，极端温度的变化反映了日益显著的全球气候变暖现象。政府间气候变化专门委员会最新发布的第六次气候变化评估报告（IPCC AR6）指出，相对于 1850～1900 年，2001～2020 年平均全球地表温度升高了 0.99℃[1]。与此同时，区域气候也发生了一定程度的改变，特别是极端高温发生频率显著提高，强度也不断增加，对生态系统、人类生活和社会经济都产生了严重影响[2-5]。欧洲在 2003 年、俄罗斯在 2010 年因极端高温事件导致大量人员死亡并产生重大经济损失；2021 年 6 月底至 7 月初，北美西部发生了一次前所未有的超级热浪事件，气温打破了多地的历史纪录[6]。最新发布的《柳叶刀人群健康与气候变化倒计时 2020 年中国报告》指出，1990 年以来，中国因高温热浪死亡人数上升了 4 倍，达 26 800 人，造成的经济损失相当于 140 万中国人的年平均收入[7]。世界气象组织（WMO）在《2021年全球气候状况》报告中指出，温室气体浓度、海平面上升、海洋热量和海洋酸化 4 项关键气候变化指标在 2021 年创下新纪录。2021 年，全球年平均气温比 1850~1900 年工业化前的平均水平高（1.11±0.13）℃[8]。2022 年北半球入夏以来，中国、美国和欧洲大部接连出现罕见极端热浪事件，给人类社会经济和自然生态系统造成灾害性影响。持续高温让中国多地出现电力短缺、农作物减产和热射病等问题[9]。大量预估研究表明，随着全球气候变化，极端高温事件发生的频次将更高、影响范围将更大、持续时间将更长，其对人体健康和社会经济等产生的不利影响也将更加严重[10-15]。在全球变暖背景下，加深极端热浪事件的历史变化格局和未来发展趋势的科学认识，揭示极端高温时空演变特征、量化承灾体暴露度对防灾减灾及社会经济的可持续发展具有重要意义。

有关极端高温事件的研究最早始于 20 世纪 70 年代，随着极端高温的持续加剧，国内外针对极端高温的研究大量涌现，主要集中在时空演变、成因及社会经济影响等方面[16-21]。极端高温事件的不利影响不仅取决于频次、强度及持续时间，还与暴露于极端高温事件之下的承灾体（如人口、作物等）相关。大量研究表明，频繁发生的极端高温事件将导致作物生长发育受损，极端高温给农作物产量带来的影响远比目前预计的要大得多[22,23]。

目前，国内外对于极端高温的研究主要集中于三个方面：归因研究（大气环流、人类活动等）、时空变化特征（强度、频率、持续时间、气候指数等）和灾害影响（人类、社会经济等）[24-26]。近年来，随着极端高温事件的频繁发生，国内外学者开展了大量有关高温风险的研究[27-29]。目前，大部分研究主要从两个方面进行风险研究：一种是从风险的单一层面进行评估[30-33]；另一种是从综合致灾因子的危险性、承灾体的暴露度和脆弱性进行风险评估研究[34,35]。

　　中巴经济走廊是世界上最易受极端高温影响的地区之一。如 2022 年 3 月以来，整个南亚次大陆被热浪覆盖，巴基斯坦高温已经突破数十年来的最高纪录[36]。随着中巴经济走廊基础设施建设进入实质性的建设阶段，21 世纪该区域气候变化将对沿线的生态环境和可持续发展带来新的压力，关乎中巴两国倡议的顺利实施和各领域的合作，对中巴经济走廊沿线地区极端高温变化的事实、影响和灾害风险进行系统的分析和评估，提出应对措施和咨询建议，将为该地区更好地应对气候变化带来的不利影响，制定相应的防灾减灾措施提供科学参考。

　　本章主要从中巴经济走廊地区极端高温事件识别、致灾因子危险性、承灾体暴露度和脆弱性，开展中巴经济走廊高温事件时空演变特征辨识及高温灾害风险评估。

4.1　数据与方法

4.1.1　数据

　　逐日最高气温数据的制作与极端降水制作流程（3.2.1 节）类似。该数据是基于中巴经济走廊及其周边地区 65 个气象站点逐日最高气温数据，以该地区 DEM 数据为协变量，采用 ANUSPLIN 软件进行空间插值制作完成的，与目前国际上常用的逐日最高气温数据集（PGFMD 和 CPC）验证表明本数据集具有更高的精度，能够较好地反映出真实的最高气温时空分布特征。该数据已发表在《中国科学数据》（*China Scientific Data*）上[37]。表 4-1 总结了本书所采用的数据信息。暴露度指标主要包括人口密度数据、耕地面积占比数据和不透水面积占比数据。其中人口密度数据来源于哥伦比亚大学国际地球科学信息网络中心提供的调整后的第 4 版世界网格人口数据集（GPWv4）的 2015 年人口密度数据，耕地面积占比数据主要来于于哥白尼全球土地服务中心提供的 2015 年耕地数据，不透水面数据主要来自于中国科学院空天信息创新研究所发布的 2015 年全球 30 m 数据，该数据基于多源多时相遥感数据的不透水面提取算法和基于 Google Earth Engine（GEE）云平台的数据、存储和计算资源，以及随机森林分类模型，逐区块地产生而成，并与国际上现有的全球不透水面产品进行交叉验证和对比分析，结果表明，该产品显著优于国际上现有产品[38]。

表 4-1　极端高温研究数据信息

数据名称	时间分辨率	空间分辨率	时段	数据来源
人口密度 人口结构	年	30 弧秒	2000、2005、2010、2015、2020	https://sedac.ciesin.columbia.edu
GDP	年	5 弧秒	1990~2015	*Scientific Data*
耕地	年	100 m	2015~2019	https://lcviewer.vito.be
不透水面	年	30 m	2015	Earth System Science Data

　　脆弱性指标主要包括脆弱人口比重（年龄大于 65 岁以上的老人和 5 岁以下的儿童）、性别比重（男女比例）和 GDP 数据。其中脆弱人口比重数据、性别比重数据均来源于哥伦比亚大学国际地球科学信息网络中心所提供的调整后的第 4 版世界网格人口数据集的 2010 年数据（GPWv4）；GDP 数据采用 Kummu 等发表在 *Scientific Data* 上的全球 1990~2015 年 GDP 栅格数据[39]。

4.1.2　极端高温阈值

　　对于极端高温阈值的界定，一般采用非参数和参数化两种界定方法[40-42]。本章采用国内研究中常用的百分位法来定义极端事件阈值[43,44]，即当某站某日的气象要素值超过该阈值时就认为该站该日出现了极端高温。常用的百分位有第 90、第 95 和第 99 百分位[19]。本书主要采用逐日最高气温数据的第 95 百分位来定义极端高温阈值，首先将 1961~2015 年逐年的日最高气温按升序排列，选取每年第 95 百分位值的平均值定义为极端高温的阈值。考虑到中巴经济走廊地区气温地域差异较大，本书将年平均最高气温小于研究区平均最高气温的栅格剔除，如图 4-1 所示，空白区域即为剔除格点，主要分布在北部高寒山区和俾路支高原部分地区。

4.1.3　高温事件识别

　　极端事件具有强度、影响面积和持续时间的三维度特征。姜彤等将极端事件的三维度特征联合起来，创建了强度-面积-持续时间（intensity-area-duration，IAD）方法，定义一次极端事件为：在一定时间尺度段内，连续面积大于给定阈值的格点集合[45]。此方法能客观识别极端事件强度、影响范围和持续时间，但未考虑极端事件在空间上的连续性，且存在面积的重复计算等问题。本书通过对原有的 IAD 三维识别方法进行改进，成功识别了中巴经济走廊极端高温事件（图 4-2），具体步骤如下。

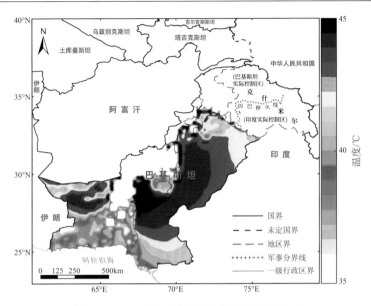

图 4-1 中巴经济走廊极端高温阈值空间分布

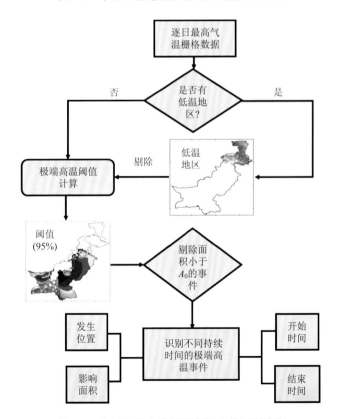

图 4-2 中巴经济走廊极端高温事件识别流程

　　步骤 1：导入逐日最高气温栅格数据，如果是点数据，需将其转为面数据（LAT×LON×TIME）；若导入数据为面数据，则直接进行步骤 2。

　　步骤 2：计算极端高温阈值。剔除高寒地区（格点年均日最高气温<研究区平均日最高气温），选取逐年夏季（6~8 月）日最高气温序列的第 95 百分位数的多年平均值作为极端高温的阈值。若界定极端高温阈值的方法为绝对阈值法或研究区无高寒地区，则无须剔除高寒地区步骤直接进行步骤 3。极端高温阈值计算方法可变，可根据研究需要界定极端高温阈值并识别极端高温事件。

　　步骤 3：设定极端高温事件最小影响面积阈值 A_0，剔除影响面积小于 A_0 的事件。一般情况下，小范围的极端高温事件可能是由一些误差引起且不会造成灾害，但会影响极端高温事件的识别结果。设定最小面积阈值 A_0，若一次高温事件的影响面积小于 A_0 则进行剔除。因此，此步骤首先对整个时间尺度进行扫描，剔除小于 A_0 的极端高温事件。本书最小面积 A_0 阈值可变，可根据研究区的大小来设定；借鉴目前国内外的研究[46,47]，以中巴经济走廊为例，最小面积 A_0 阈值设为 25 000 km²，若进行中国区域的研究，可设为 150 000 km²，全球尺度研究，可设为 500 000 km²。

　　步骤 4：识别极端高温事件。一次极端高温事件应包括发生、发展与消亡的过程。其中，发展过程包括极端高温的移动、分裂与重新组合。由于同一极端高温事件在短时间内移动距离较短，在发展过程中空间范围存在重叠。因此，对于相邻时间极端高温对象，若其空间范围拓扑相交，则认为极端高温对象属于同一次极端高温事件。

4.1.4　风险评估框架

　　灾害风险评估是通过研究造成生命、财产及环境潜在影响的致灾因子的危险性及承灾体的脆弱性，判定风险性质与范围的过程。灾害风险评估一般划分为广义和狭义两种，前者主要对灾害系统进行风险评估，包括致灾因子的危险性、承灾体的暴露度和脆弱性等方面；后者主要针对致灾因子进行风险评估，通常是对风险区遭受不同强度灾害的可能性及其可能造成的后果进行定量分析和评估[48]。本书根据 IPCC 报告提出的基于极端天气气候事件危险性、暴露度和脆弱性的"H-E-V"灾害风险评估框架，开展高温灾害风险评估。高温灾害危险性、暴露度和脆弱性指数计算公式、指标权重计算方法与暴雨灾害一致（见 3.1.5 节）。本书选取极端高温的强度、频率、持续时间，以及人口密度、耕地面积占比、不透水面积占比和脆弱人口比重是正向指标；GDP 和性别比重是负向指标。

4.1.5　风险等级划分

为了明确中巴经济走廊地区极端高温灾害风险评估体系中各指标等级特征，根据第一次全国自然灾害综合风险普查技术规范（FXPC/QX P-06），采用标准差分级法对极端高温事件危险性、承灾体暴露度及脆弱性和极端高温灾害风险指数进行分级，对应分级标准如表 4-2 所示。

表 4-2　中巴经济走廊高温灾害风险评估分级标准

风险	等级	标准
高	1	指标值≥平均值+1σ
较高	2	平均值+0.5σ≤指标值<平均值+1σ
中	3	平均值-0.5σ≤指标值<平均值+0.5σ
较低	4	平均值-1σ≤指标值<平均值-0.5σ
低	5	指标值<平均值-1σ

注：指标值为极端高温灾害风险评估结果各指标值，平均值为研究区非 0 风险指标值均值，σ 为研究区非 0 风险指标值标准差。

4.2　极端高温事件时空变化

4.2.1　时间变化

1961～2015 年，中巴经济走廊地区极端高温事件强度、频率及持续时间均呈显著上升趋势（图 4-3）。自 20 世纪 60 年代极端事件强度短暂下降，但在 70 年代以来逐渐上升；从频次变化来看，该区域极端高温事件发生频次呈持续上升趋势；1978 年以前，极端高温事件持续时间较短，1978～1996 年持续时间变长，年均持续时间达 7 天左右。Saleem 等[49]基于 40 个气象观测站 1980～2019 年观测数

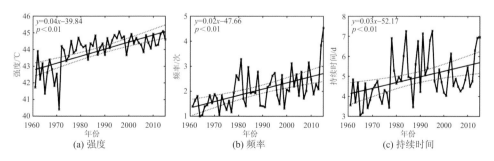

图 4-3　中巴经济走廊 1961～2015 年极端高温事件强度、频率和持续时间变化

据的研究发现，这40年升温最显著的区域位于巴基斯坦的中部、西部及东南部的农业种植区。春季（3～5月）极端高温与西太平洋的拉尼娜（厄尔尼诺）事件具有较强的相关性，其中拉尼娜事件对极端高温事件的强度影响更强烈。

4.2.2 空间变化

图4-4（a）表示中巴经济走廊地区极端高温事件多年平均强度的空间变化，分析发现，该区域极端高温事件多年平均强度的分布、区域主要在中巴经济走廊南部地区，主要包括信德省全省、俾路支省西部和东部地区，以及旁遮普省的中南部地区，多年平均强度的最高值在信德省和俾路支省附近；图4-4（b）表示中巴经济走廊极端高温事件的多年平均频率空间分布，分析发现，该区域极端高温事件多年平均频率的分布区域主要在信德省、俾路支省和旁遮普省，多年平均频率的最高值在俾路支省的西部和信德省的南部卡拉奇附近区域；图4-4（c）表示中巴经济走廊极端高温事件多年平均持续时间空间变化，该区域极端高温事件多年平均持续时间的分布区域主要在信德省、俾路支省和旁遮普省，其中多年平均持续时间最长的区域为俾路支支省西南部、旁遮普省南部和信德省南部的卡拉奇附近区域。如2015年5～6月巴基斯坦的信德省、旁遮普省南部及俾路支省发生高温热浪事件，当地居民的生活受到严重影响（图4-5）。据当地媒体报道，卡拉奇的气温早在5月21日就达到了44℃。此次热浪发生在伊斯兰教的斋戒月期间，一些虔诚的信徒每天日落前杜绝饮食，也成为不少人脱水死亡的原因。而输电网路在斋月的第一天便已损毁，也导致大量人口死亡。此次热浪中卡拉奇观测到的最高气温（45℃）仅次于1979年（47℃）。仅卡拉奇就有950人因为脱水或中暑死亡，而信德省的死亡人口总数超过1200人。

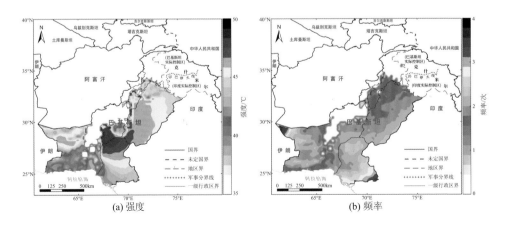

(a) 强度　　　　　　　　　　　　　　　(b) 频率

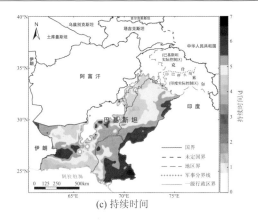

(c) 持续时间

图 4-4　中巴经济走廊 1961～2015 年极端高温事件空间变化

图 4-5　卡拉奇 2015 年高温期间民众持币争抢冰块降温（来源：中新网）

从极端高温重现期来看，5 年一遇的极端高温主要位于俾路支省西南部、信德省及旁遮普省。随着重现期的延长，大于 45℃ 的极端高温范围逐渐扩展；在信德省西北部和俾路支省的西部，50 年一遇的极端高温接近 50℃。实际上，据众多媒体报道：2022 年，巴基斯坦各地普遍出现了 40℃ 以上的破纪录高温，南部地区局部气温达到 50℃（图 4-6）。

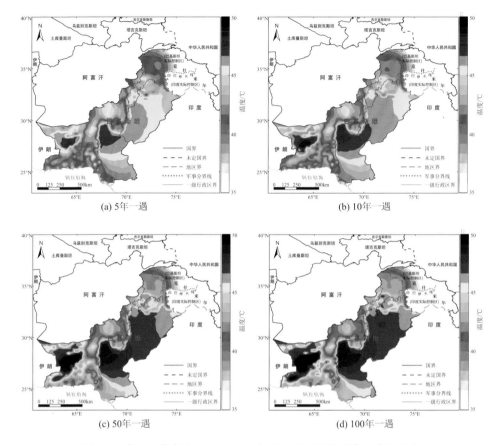

(a) 5年一遇 　　　　　　　　　　　　 (b) 10年一遇

(c) 50年一遇 　　　　　　　　　　　　 (d) 100年一遇

图 4-6　中巴经济走廊 1961～2015 年不同重现期极端高温空间分布

4.3　高温灾害风险评估

4.3.1　高温灾害危险性

　　危险性是指当该区域高温气象过程异常或超常变化达到某个临界值时，给社会经济系统造成破坏的可能性和严重程度[28,50]，通常基于历史极端高温事件发生的强度、频率、持续时间等指标进行评估。如极端高温危险性指标有气候变化检测和指数联合专家组（ETCCDI）提出的最大日最高气温（TXx）、暖夜（TN90p）等[51,52]。其中强度为极端高温事件最高气温的均值，频率为年均极端高温事件发生次数，持续时间为事件的年平均历时。

　　危险性指标包括极端高温事件的强度[图 4-7（a）]、频率[图 4-7（b）]和持续时间[图 4-7（c）]。其中，极端高温事件强度高的地区主要分布在中巴经济走廊信德省北部和俾路支省西部，极端高温事件最高强度达到 50℃；极端高温事件发生频率高的地区主要分布在俾路支省西部和信德省东南部；持续 6 天以上的极端高温事件主要分布在俾路支省西部、旁遮普省东部和信德省东南部。综合极端高温事件发生的强度、频率和持续时间，绘制致灾因子的危险性空间分布图[图 4-7（d）]，中巴经济走廊高（较高）危险性地区主要分布在俾路支省西部、旁遮普省东南部和信德省，约占研究区总面积的 23.61%。

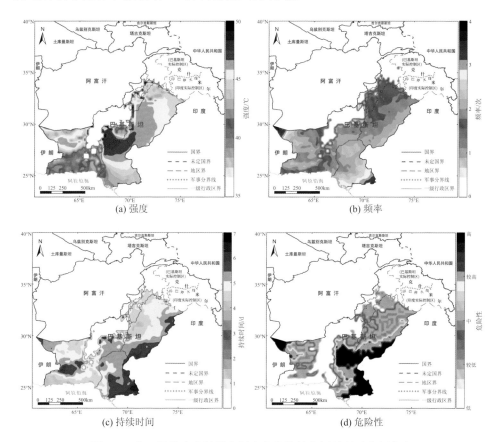

图 4-7　中巴经济走廊极端高温灾害危险性指标体系及空间分布

4.3.2　高温灾害暴露度

暴露度是指在极端高温灾害下人员、生计、环境服务和各种资源、基础设施，以及经济、社会或文化资产处在有可能受到不利影响的位置[53,54]。根据指标数据的可获得性，本书主要选取人口密度、耕地面积占比和不透水面积占比作为极端高温灾害的暴露度指标[55,56]。人口是风险评估最常用的暴露度指标，一个地区人口密度越大，暴露在极端高温中的人口数量就越多[33]。巴基斯坦是一个农业大国，农业是国民经济的重要来源，耕地是重要的承灾体暴露度指标之一[57]；下垫面对于大气的影响主要体现在对气温与大气水分的影响上，气象条件相同时，不同类型下垫面的表面温度差异巨大，不透水表面是城市下垫面的最主要组成部分，城市不透水面积与地表气温之间存在正相关关系，因此不透水面积也是评估极端高温事件承灾体暴露度的指标之一。

　　暴露度指标主要包括人口密度[图4-8（a）]、耕地面积占比[图4-8（b）]和不透水面积占比[图4-8（c）]。人口密度较高的地区主要集中在联邦首都区、开伯尔-普赫图赫瓦省中部、旁遮普省和信德省；耕地面积占比较高的地区主要集中在中国喀什、旁遮普省和信德省；不透水面积占比较高的地区主要集中在联邦首都区、开伯尔-普赫图赫瓦省、旁遮普省、信德省和中国喀什地区，且与人口密度分布相似。从承灾体暴露度空间分布[图4-8（d）]可以看出，联邦首都区、旁遮普省、信德省和中国喀什地区均属于高（较高）暴露水平地区，占研究区总面积的16.14%。

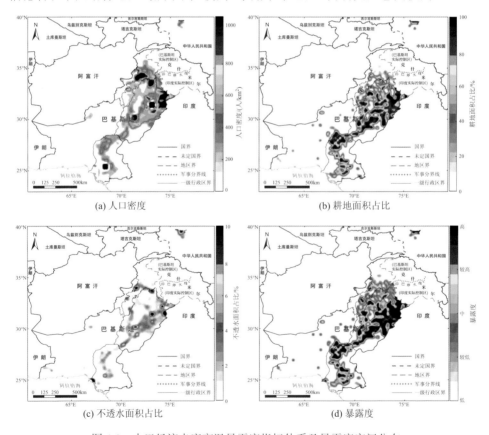

图4-8　中巴经济走廊高温暴露度指标体系及暴露度空间分布

4.3.3　高温灾害脆弱性

脆弱性表示受到极端高温灾害影响的倾向或趋势[58,59]。为了衡量在极端高温事件下承灾体的脆弱性，本书主要选取国内生产总值（GDP）、脆弱性人口比重和性别比重作为极端高温灾害的脆弱性指标[60]。一方面，极端高温灾害高脆弱性地区主要分布于经济较差的欠发达地区，这些区域人群由于经济上的适应能力较差而受到极端高温的威胁较大；另一方面，老人（65 岁及以上）和小孩（5 岁及以下）对极端高温的敏感性较差，不同性别群体在一定程度上对极端高温的适应能力也不同，女性因高温死亡人数高于男性，因此脆弱人口比重（老人、小孩占比）与性别比重（男女比例）也是高温灾害常用的脆弱性指标[61]。

脆弱性指标主要包括国内生产总值（GDP）、脆弱人口比重和人口性别比重。其中 GDP 较高的地区主要分布在旁遮普省东北部和信德省西南部[图 4-9（a）]；脆弱人口比重较高的地区主要分布在俾路支省北部和信德省[图 4-9（b）]；男女性别比重较高的地区主要分布在俾路支省西部和开伯尔-普赫图赫瓦省北部[图 4-9（c）]。从脆弱性空间分布[图 4-9（d）]可以看出，脆弱性高（较高）的地区主要分布在俾路支省、信德省东南部、自由克什米尔、开伯尔-普赫图赫瓦省北部和吉尔吉特-巴尔蒂斯坦，占研究区总面积的 42.28%。

4.3.4　高温灾害风险评估与区划

将致灾因子的危险性指数、承灾体的暴露度指数和脆弱性指数归一化后通过风险评估模型计算得到极端高温灾害风险指数，然后采用标准差法进行风险分级并得出极端高温灾害风险空间分布（图 4-10）。中巴经济走廊地区高（较高）风险区主要分布在旁遮普平原、信德省北部和中部，占研究区总面积的 16%；中风

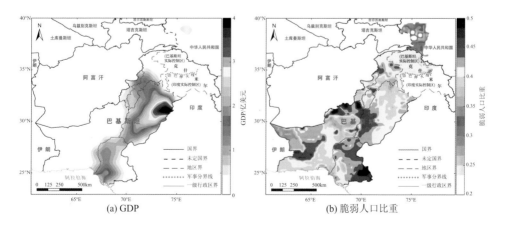

(a) GDP　　　　　　　　　　　　　　　　　　　(b) 脆弱人口比重

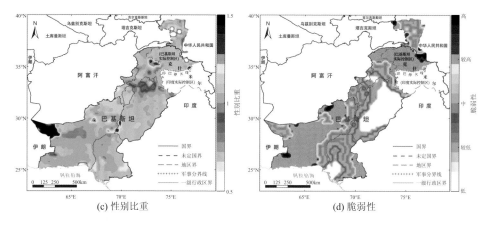

(c) 性别比重   (d) 脆弱性

图 4-9　中巴经济走廊极端高温脆弱性指标体系及脆弱性空间分布

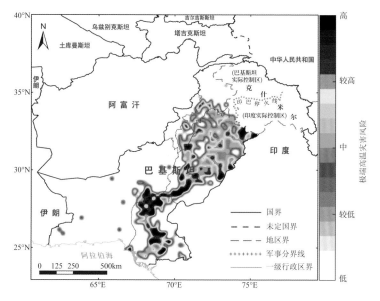

图 4-10　中巴经济走廊极端高温灾害风险空间分布

险区主要分布在旁遮普省和信德省南部,占研究区总面积的 11.13%;低(较低)风险区域占比最大(72%),主要分布在 35°N 以北地区(开伯尔-普赫图赫瓦省北部、吉尔吉特-巴尔蒂斯坦和中国喀什)和俾路支省。

　　针对中巴经济走廊各行政单元极端高温灾害风险(图 4-10)进行进一步统计,如图 4-11 所示,中风险及其以上地区面积占比超过 50%的地区在旁遮普省(73.5%)和信德省,旁遮普省高风险区面积占比不高(6.15%),大部分地区属于中风险和较高风险区(66.99%);信德省为高风险区面积占比最高的地区,约占全省总面积的 13.73%。北部地区（吉尔吉特-巴尔蒂斯坦）和中国喀什地区均属于低风险区，低（较低）风险区面积占比较高的还有俾路支省。开伯尔-普赫图赫瓦省和自由克什米尔地区主要为低（较低）风险区，面积占比均超过该省总面积的 60%。

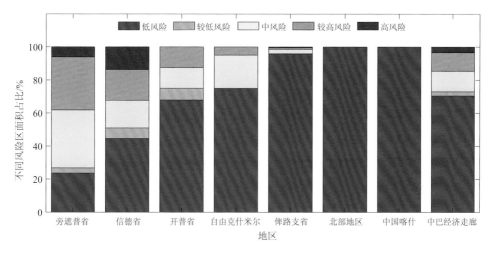

图 4-11　中巴经济走廊及各行政单元极端高温灾害不同风险区面积占比

本书收集并统计了 1961～2015 年中巴经济走廊地区极端高温灾害造成的人口死亡情况（图 4-12）。该时间段内极端高温事件主要发生在旁遮普省和信德省，均属于本书所划分出的高风险区。2015 年 6 月 18～24 日发生在巴基斯坦信德省卡拉奇地区的极端高温事件，日最高气温达 45℃，造成超过 1200 人死亡。从发生次数来看，EM-DAT 统计数据表明极端高温事件发生次数最高的地区为旁遮普省的阿塔克和拉瓦尔品第（30 次）、巴哈瓦尔讷格尔（28 次）和巴哈瓦尔布尔（25 次）。因此，通过本书的评估结果与历史极端高温事件致死人数和发生次数记录的比较，证实了本书的方法和结果基本可信。

4.3.5　高温灾害风险预估

大量预估研究表明，全球气温在未来仍将呈现上升趋势，未来全球大部分人口生活在极端高温中将不再是危言耸听。然而，由于气候变化研究的系统复杂、不确定性高，难以依靠历史数据和规律对未来进行预估[62]。因此，为表征系统发展的诸多可能性，加强气候变化研究对不确定性的捕获力，并促进稳健的政策决策，基于一系列内部逻辑一致的人为假设开发未来发展情景成为气候变化影响研究的重要基础[63,64]。传统的情景开发采用顺序方式（sequential approach），由于

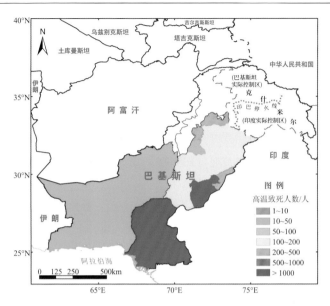

图 4-12　中巴经济走廊地区 1961～2015 年极端高温事件致死人数空间分布

开发过程耗时长，情景开发的进度在一定程度上制约了气候建模、影响评估等领域的研究进展。2010 年，IPCC 考虑到协同气候变化科学、影响和脆弱性与适应性、气候变化减缓等闭环研究，推出了考虑社会经济发展状况的共享社会经济路径（SSP）情景[65]。现在通常使用 5 个 SSP 路径（SSP1～SSP5），包括可持续发展路径 SSP1、中间路径 SSP2、区域竞争路径 SSP3、不均衡路径 SSP4、传统化石燃料为主的路径 SSP5。2015 年第六次耦合模式比较计划（CMIP6）启动，采用共享社会经济路径和典型浓度路径组合的新情景，新的情景中包含了 SSP1-1.9、SSP1-2.6、SSP4-3.4、SSP2-4.5、SSP4-6.0、SSP3-7.0 和 SSP5-8.5 等 7 种从低到高辐射强迫情景。新的情景既能反映全球和区域发展现状及未来可能的发展变化，又能反映未来社会面临的气候变化适应和减缓挑战并广泛应用于 CMIP6、ISIMIP 3b 等国际计划和 IPCC 第六次评估报告（AR6）及气候变化影响风险、适应和减缓等方面的研究[66-70]。

　　对于极端高温事件的危险性预估，本书采用了 ISIMIP 第 3 阶段提供的 5 个 GCM（表 4-3）的最新模拟试验结果，包括历史和未来预估模拟。其中历史模拟（即 historical 试验）的时间段为 1861～2014 年，未来预估模拟的时间段为 2015～2100 年。该套模式数据已经过偏差校正并被广泛地直接应用于极端气候事件变化及其影响的研究中。本书对 ISIMIP 模式数据进行统计降尺度得到空间分辨率为 0.25°×0.25° 的逐日最高气温数据的集合平均结果。选取 1995～2014 年为基准期，

2021～2050 年为预估时段，再选取 SSP1-2.6、SSP3-7.0 和 SSP5-8.5 三种情景下的逐日最高气温预估数据。

表 4-3　ISIMIP 气候模式简介

模式名称	所属机构和国家	原始分辨率（lat×lon）
GFDL-ESM4	NOAA GFDL，美国	约 1°
IPSL-CM6A-LR	IPSL，法国	1.3°×2.5°
MPI-ESM1-2-HR	MPI-M，德国	1.8°×1.8°
MRI-ESM2-0	MRI，日本	1.1°×1.1°
UKESM1-0-LL	UK Academic Community，英国	1.25°×1.875°

同时选取哥伦比亚大学国际地球科学信息网络中心提供的 3 个共享社会经济路径（SSP1、SSP3、SSP5）下的 2021～2050 年人口、GDP 预估数据（https://sedac.ciesin.columbia.edu），通过本书建立的致灾因子危险性、承灾体暴露度和脆弱性的风险评估框架开展高温灾害的风险预估。结果表明：不同情景下，中巴经济走廊高温灾害风险空间分布范围大致相同，高风险区域主要集中在南部的信德省、旁遮普省等区域。SSP1-2.6 情景下较高风险占比最大，高风险区域主要集中在信德省和旁遮普省东北部；SSP3-7.0 情景下，信德省的高风险区域显著增加，旁遮普省西南部地区高风险区域也增加，俾路支省的风险范围扩大；SSP5-8.5 情景下旁遮普省地区高风险区域进一步增加，信德省高风险、较高风险区域增加（图 4-13）。总体来看，未来不同情景下整个中巴经济走廊地区高、较高和中风险地区面积比例均呈增加态势，而较低和低风险面积比例相应下降。值得一提的是，IPCC 第六次评估报告提到，21 世纪南亚的热浪和湿热压力将更加强烈和频繁[1]。未来中巴经济走廊尤其是巴基斯坦南部地区需警惕防范更强烈、更频繁、更致命的高温灾害。

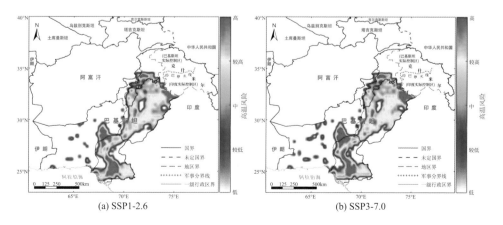

(a) SSP1-2.6　　　　　　　　　　(b) SSP3-7.0

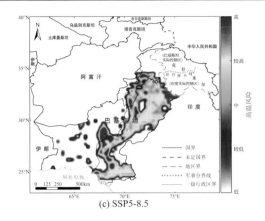

(c) SSP5-8.5

图 4-13 中巴经济走廊 2021～2050 年不同情景下极端高温灾害风险预估

本章基于中巴经济走廊地区 1961～2015 年逐日最高气温、人口经济、耕地、不透水面和灾害损失数据，利用致灾因子的危险性、承灾体的暴露度与脆弱性的"H-E-V"风险评估框架对研究区高温灾害进行风险评估，并得到以下结论。

（1）中巴经济走廊地区极端高温事件风险分布具有明显的空间差异，高（较高）风险地区主要分布在旁遮普省与信德省。

（2）中巴经济走廊地区极端高温事件高风险地区面积占比最大的行政单元为信德省，低风险地区面积占比最大的行政单元为中国喀什地区。未来不同情景下整个中巴经济走廊地区高、较高和中风险地区面积比例均呈增加态势。

（3）本书采用的方法和研究结果具有一定的可靠性，可为中巴经济走廊地区减缓和应对高温灾害风险提供科学依据。

然而，本书仍存在一定的局限性：一方面对于极端高温事件阈值的界定国内外并没有统一的标准[71]，不同方法界定的阈值得到的结果也不尽相同。中巴经济走廊地区气候类型多样且不同地区气温差异显著，本书主要参考国内外标准界定极端高温阈值并识别极端高温事件，同时也未考虑相对湿度、风速、太阳辐射等影响高温灾害的气象因子[72,73]；另一方面对于暴露度与脆弱性指标的选取，目前在风险评估研究领域并没有统一的指标体系[74]，本书主要考虑到该地区数据的可获得性（比如医疗卫生、居民水电、空调普及率等指标难以获取）及各指标数据与高温灾害的相关性来选取指标。因此，对于暴露度与脆弱性指标的选取仍有改进空间，未来获取到更多承灾体数据后可以进一步提高评估结果的可靠性。

参 考 文 献

[1] Pörtner H O, Roberts D C, Tignor M, et al. Climate Change 2022: Impacts, Adaptation, and

Vulnerability[M]//Contribution of Working Group II to the Sixth Assessment Report of the Intergovernmental Panel on Climate Change. Cambridge: Cambridge University Press, 2022.

[2]　Russo S, Sillmann J, Sippel S, et al. Half a degree and rapid socioeconomic development matter for heatwave risk[J]. Nature Communications, 2019, 10: 136.

[3]　Smale D A, Wernberg T, Oliver E C J, et al. Marine heatwaves threaten global biodiversity and the provision of ecosystem services[J]. Nature Climate Change, 2019, 9: 306-312.

[4]　Rousi E, Kornhuber K, Beobide-Arsuaga G, et al. Accelerated western European heatwave trends linked to more-persistent double jets over Eurasia[J]. Nature Communications, 2022, 13: 3851.

[5]　Woolway R I, Jennings E, Shatwell T, et al. Lake heatwaves under climate change[J]. Nature, 2021, 589: 402-407.

[6]　Lin H, Mo R, Vitart F. The 2021 western North American heatwave and its subseasonal predictions[J]. Geophysical Research Letters, 2022, 49: e2021GL097036.

[7]　Cai W J, Zhang C, Suen H P, et al. The 2020 China report of the Lancet Countdown on health and climate change[J]. Lancet Public Health, 2021, 6(1): E64-E81.

[8]　World Meteorological Organization. State of the Global Climate 2021[R]. WMO-No.1290, Geneva Switzerland: WMO, 2022.

[9]　Wang J, Yan Z W. Rapid rises in the magnitude and risk of extreme regional heat wave events in China[J]. Weather and Climate Extremes, 2021, 34: 100379.

[10]　Fischer E, Knutti R. Robust projections of combined humidity and temperature extremes[J]. Nature Climate Change, 2013, 3: 126-130.

[11]　Freychet N, Hegerl G, Mitchell D, et al. Future changes in the frequency of temperature extremes may be underestimated in tropical and subtropical regions[J]. Communications Earth & Environment, 2021, 2: 28.

[12]　Byrne M P. Amplified warming of extreme temperatures over tropical land[J]. Nature Geoscience, 2021, 14: 837-841.

[13]　Hasegawa T, Sakurai G, Fujimori S, et al. Extreme climate events increase risk of global food insecurity and adaptation needs[J]. Nature Food, 2021, 2: 587-595.

[14]　王芳, 张晋韬, 葛全胜, 等. “一带一路”沿线区域 21 世纪极端高温热浪风险预估[J]. 科学通报, 2021, 66: 3045-3058.

[15]　Yang J, Zhou M, Ren Z, et al. Projecting heat-related excess mortality under climate change scenarios in China[J]. Nature Communications, 2021, 12: 1039.

[16]　Perkins-Kirkpatrick S E, Lewis S C. Increasing trends in regional heatwaves[J]. Nature Communications, 2020, 11(1): 3357.

[17]　Raei E, Nikoo M R, AghaKouchak A, et al. GHWR, a multi-method global heatwave and warm-spell record and toolbox[J]. Scientific Data, 2018, 5: 180206.

[18]　薛红喜, 孟丹, 吴东丽, 等. 1959—2009 年宁夏极端温度阈值变化及其与 AO 指数相关分析[J]. 地理科学, 2012, 32(3): 380-385.

[19] Lobell D B, Sibley A, Ortiz-Monasterio J I. Extreme heat effects on wheat senescence in India[J]. Nature Climate Change, 2012, 2: 186-189.

[20] Tippett M K. Extreme weather and climate[J]. NPJ Climate and Atmospheric Science, 2018, 1: 45.

[21] 董弟文, 陶辉, 丁刚, 等. 新疆高温热浪的人口与耕地暴露度研究[J]. 农业工程学报, 2022, 38(5): 288-295.

[22] Lesk C, Rowhani P, Ramankutty N. Influence of extreme weather disasters on global crop production[J]. Nature, 2016, 529: 84-87.

[23] Hatfield J L, Prueger J H. Temperature extremes: Effect on plant growth and development[J]. Weather and Climate Extremes, 2015, 10: 4-10.

[24] 杜军, 路红亚, 建军. 1961—2010 年西藏极端气温事件的时空变化[J]. 地理学报, 2013, 68(9): 1269-1280.

[25] Suarez G L, Müller W A, Li C, et al. Hotspots of extreme heat under global warming[J]. Climate Dynamics, 2020, 55: 429-447.

[26] Dong Z Z, Wang L, Sun Y, et al. Heatwaves in Southeast Asia and their changes in a warmer world[J]. Earth's Future, 2021, 9(7): e2021EF001992.

[27] 杨红龙, 许吟隆, 陶生才, 等. 高温热浪脆弱性与适应性研究进展[J]. 科技导报, 2010, 28(19): 98-102.

[28] 贺山峰, 戴尔阜, 葛全胜, 等. 中国高温致灾危险性时空格局预估[J]. 自然灾害学报, 2010, 19(2): 91-97.

[29] Jones B, O'Neill B C, McDaniel L, et al. Future population exposure to US heat extremes[J]. Nature Climate Change, 2015, 5: 652-655.

[30] 陈曦, 李宁, 张正涛, 等. 全球热浪人口暴露度预估——基于热应力指数[J]. 气候变化研究进展, 2020, 16(4): 424-432.

[31] Mora C, Dousset B, Caldwell I R. et al. Global risk of deadly heat[J]. Nature Climate Change, 2017, 7: 501-506.

[32] 薛倩, 谢苗苗, 郭强, 等. 地理学视角下城市高温热浪脆弱性评估研究进展[J]. 地理科学进展, 2020, 39(4): 685-694.

[33] 吕嫣冉, 姜彤, 陶辉, 等. "一带一路"区域极端高温事件与人口暴露度特征[J]. 科技导报, 2020, 8(16): 68-79.

[34] Zhang L, Zhang Z, Chen Y. et al. Exposure, vulnerability, and adaptation of major maize-growing areas to extreme temperature[J]. Nature Hazards, 2018, 91: 1257-1272.

[35] Cardona O, Van Aalst M, Birkmann J, et al. Determinants of Risk: Exposure and Vulnerability[M]//Field C, Barros V, Stocker T, et al. Managing the Risks of Extreme Events and Disasters to Advance Climate Change Adaptation: Special Report of the Intergovernmental Panel on Climate Change. Cambridge: Cambridge University Press, 2012: 65-108.

[36] https://actalliance.org/alerts/pakistan-heatwave.

[37] 陈金雨, 陶辉, 刘金平. 1961—2015 年中巴经济走廊逐日气象数据集[J]. 中国科学数据, 2021, 6(2): 229-238.

[38] Zhang X, Liu L, Wu C, et al. Development of a global 30 m impervious surface map using multisource and multitemporal remote sensing datasets with the Google Earth Engine platform[J]. Earth System Science Data, 2020, 12: 1625-1648.

[39] Kummu M, Taka M, Guillaume J H A. Gridded global datasets for gross domestic product and human development index over 1990-2015[J]. Scientific Data, 2018, 5: 180004.

[40] 李娇, 任国玉, 战云健. 浅谈极端气温事件研究中阈值确定方法[J]. 气象科技进展, 2013, 3(5): 36-40.

[41] 祁新华, 程煜, 李达谋, 等. 西方高温热浪研究述评[J]. 生态学报, 2016, 36(9): 2773-2778.

[42] 杨舒楠, 孟庆涛, 周宁芳, 等. 基于地面观测资料的全球高温阈值探讨[J]. 气象与减灾研究, 2022, 45(1): 10-21.

[43] Robeson S M, Doty J A. Identifying rogue air temperature stations using cluster analysis of percentile trends[J]. Journal of Climate, 2005, 18(8): 1275-1287.

[44] Lorenz R, Stalhandske Z, Fisher E M. Detection of a climate change signal in extreme heat, heat stress, and cold in Europe from observations[J]. Geophysical Research Letters, 2019, 46; 8363-8374.

[45] 姜彤, 王艳君, 翟建青, 等. 极端气候事件社会经济影响的风险研究: 理论、方法与实践[J]. 阅江学刊, 2018, 10(1): 90-105.

[46] Wang A H, Lettenmaier D P, Sheffield J. Soil moisture drought in China, 1950–2006[J]. Journal of Climate, 2011, 24(13): 3257-3271.

[47] Liu B J, Liang M L, Huang Z Q, et al. Duration-severity-area characteristics of drought events in eastern China determined using a three-dimensional clustering method[J]. International Journal of Climatology, 2021, 41(1): E3065-E3084.

[48] 周姝天, 翟国方, 施益军, 等. 城市自然灾害风险评估研究综述[J]. 灾害学, 2020, 35(4): 180-186.

[49] Saleem F, Zeng X D, Hina S, et al. Regional changes in extreme temperature records over Pakistan and their relation to Pacific variability[J]. Atmospheric Research, 2021, 250: 105407.

[50] 张书娟, 尹占娥, 刘耀龙, 等. 基于 GIS 的华东地区高温灾害危险性分析[J]. 灾害学, 2011, 26(2): 59-65.

[51] 王琼, 张明军, 王圣杰, 等. 1962～2011 年长江流域极端气温事件分析[J]. 地理学报, 2013, 68(5): 611-625.

[52] Hari V, Ghosh S, Zhang W, et al. Strong influence of north Pacific Ocean variability on Indian summer heatwaves[J]. Nature Communications, 2022, 13: 5349.

[53] Mueller V, Gray C, Kosec K. Heat stress increases long-term human migration in rural Pakistan[J]. Nature Climate Change, 2014, 4(3): 182-185.

[54] 葛咏, 李强子, 凌峰, 等. "一带一路"关键节点区域极端气候风险评价及应对策略[J]. 中国科学院院刊, 2021, 36(2): 170-178.

[55] 王安乾, 苏布达, 王艳君, 等. 全球升温 1.5℃ 与 2.0℃ 情景下中国极端高温事件变化与耕地暴露度研究[J]. 气象学报, 2017, 75(3): 415-428.

[56] 徐永明, 刘勇洪. 基于 TM 影像的北京市热环境及其与不透水面的关系研究[J]. 生态环境学报, 2013, 22(4): 639-643.

[57] Adnan S, Ullah K, Gao S, et al. Shifting of agro-climatic zones, their drought vulnerability, and precipitation and temperature trends in Pakistan[J]. International Journal of Climatology, 2017, 37(S1): 529-543.

[58] 税伟, 陈志淳, 邓捷铭, 等. 耦合适应力的福州市高温脆弱性评估[J]. 地理学报, 2017, 72(5): 830-849.

[59] 杨晓静, 徐宗学, 左德鹏, 等. 东北三省农业旱灾风险评估研究[J]. 地理学报, 2018, 73(7): 1324-1337.

[60] 谢盼, 王仰麟, 彭建, 等. 基于居民健康的城市高温热浪灾害脆弱性评价——研究进展与框架[J]. 地理科学进展, 2015, 2: 165-174.

[61] Chambers J. Global and cross-country analysis of exposure of vulnerable populations to heatwaves from 1980 to 2018[J]. Climatic Change, 2020, 163: 539-558.

[62] 翁宇威, 蔡闻佳, 王灿. 共享社会经济路径（SSPs）的应用与展望[J]. 气候变化研究进展, 2020, 16(2): 215-222.

[63] O'Neill B C, Tebaldi C, van Vuuren D P, et al. The scenario model intercomparison project (ScenarioMIP) for CMIP6[J]. Geoscientific Model Development, 2016, 9: 3461-3482.

[64] Riahi K, van Vuuren D P, Kriegler E, et al. The shared socioeconomic pathways and their energy, land use, and greenhouse gas emissions implications: An overview[J]. Global Environmental Change, 2017, 42: 153-168.

[65] Moss R, Edmonds J, Hibbard K, et al. The next generation of scenarios for climate change research and assessment[J]. Nature, 2010, 463: 747-756.

[66] O'Neill B C, Kriegler E, Riahi K, et al. A new scenario framework for climate change research: The concept of shared socioeconomic pathways[J]. Climatic Change, 2014, 122: 387-400.

[67] van Vuuren D P, Kriegler E, O'Neill B C, et al. A new scenario framework for climate change research: Scenario matrix architecture[J]. Climatic Change, 2014, 122: 373-386.

[68] van Vuuren D P, Edmonds J, Kainuma M, et al. The representative concentration pathways: An overview[J]. Climatic Change, 2011, 109: 5-31.

[69] O'Neill B C, Carter T R, Ebi K, et al. Achievements and needs for the climate change scenario framework[J]. Nature Climate Change, 2020, 10: 1074-1084.

[70] Chen G, Li X, Liu X, et al. Global projections of future urban land expansion under shared socioeconomic pathways[J]. Nature Communications, 2020, 11: 537.

[71] 李庆祥, 黄嘉佑. 对我国极端高温事件阈值的探讨[J]. 应用气象学报, 2011, 22(2): 138-144.

[72] 陈曦, 李宁, 黄承芳, 等. 综合湿度和温度影响的中国未来热浪预估[J]. 地理科学进展, 2020, 39(1): 36-44.

[73] Raymond C, Matthews T, Horton R M. The emergence of heat and humidity too severe for human tolerance[J]. Science Advances, 2020, 6(19): eaaw1838.

[74] 武夕琳, 刘庆生, 刘高焕, 等. 高温热浪风险评估研究综述[J]. 地球信息科学学报, 2019, 21(7): 1029-1039.

第5章　中巴经济走廊低温灾害

最新发布的 IPCC 第六次评估报告（AR6）表明：随着未来全球气候变暖的进一步加剧，极端天气气候事件将大幅增加，越罕见的极端天气气候事件，其发生频率的增长百分比越大[1]。而极端低温事件往往与灾害紧密相连，对社会经济发展造成了巨大灾难[2-5]。2008 年我国南方低温冰冻和雪灾共造成直接经济损失1595 亿元，因灾死亡 162 人[6]；2012 年年初，欧洲遭受持续性极端低温灾害，造成 650 余人死亡[7]。2020 年底至 2021 年 1 月中旬，中国发生了两次破纪录的低温寒潮事件，北京和天津的最低气温分别下降到–19.7℃和–19.9℃，是过去 54 年来的最低值；接下来的 2 月份，历史极端低温袭击了北美的中西部和南部诸州，在得克萨斯州的奥斯汀市和休斯敦市分别出现了–13.3℃和–8.3℃的低温天气，几乎是一个世纪以来的最低气温[8]。在全球变暖的影响下，尽管全球地表温度表现出前所未有的强烈增暖，自 20 世纪 50 年代以来，大部分地区极端低温事件（如霜冻、冰雹等）的频率和强度在下降，但昼夜温差变化增大导致低温冰冻灾害增加[9]。《中国气候变化蓝皮书》指出，1961～2020 年，我国极端冷事件次数总体是减少的，但极端冷事件的强度并未减弱[10]。也有研究指出，相对于极端高温而言，极端低温降温速率快，其变化更为显著[11]。冬季北半球的极端低温天气主要是强冷空气活动和寒潮爆发[12,13]。荷兰皇家气象研究所的 van Oldenborgh 等针对寒潮的研究结果表明：20 世纪 80 年代以来，北半球中纬度地区的寒潮强度和频率稳步下降[14]。相比寒潮的短期、区域性特征，冬季极端低温事件具有持续时间长、影响范围广等特征，并且其发生的概率比寒潮小，但是其影响广泛，对交通、电力、能源等与民生有关的部门产生严重的影响。极端低温事件已经成为国内外气候变化和灾害研究领域关注的热点问题。丁永建等[9]指出未来北半球将会呈现"暖北极、冷大陆"的模式，低温的影响会增加，考虑到人口数量和财产的增加，低温灾害损失在未来也会增加。鉴于此，开展区域极端低温灾害风险评估研究，对提高抵御极端低温事件灾害的能力具有重要意义。

目前，国内外关于极端低温的研究大多集中在成因、时空变化及预估等方面研究[15-20]。王安乾等[21]基于中国 1960～2014 年逐日最低气温数据，采用强度-面积-持续时间（IAD）方法，考虑极端低温事件在时间和空间上的连续性，揭示了不同持续时间的区域性极端低温事件强度和影响面积，评估了极端低温事件对我国耕地的影响;李言蹊和陈海山[22]利用 1979~2019 年 NCEP-DOE 再分析资料,揭示了巴伦支-喀拉海异常增暖与西伯利亚高压异常增强及亚洲中纬度极端低温频发的联系;Åström 等[23]以 1900~1929 年为参考期,对 1980~2009 年期间瑞典斯德哥尔摩发生的极端低温所导致的人口死亡率进行了研究,并将其归因于气候变化;但段建平等[24]基于观测和气候模式数据开展的青藏高原东南部早春极端低温事件研究发现,在没有人类活动影响的情况下,该事件的降温幅度会比实际再低 1.9℃,发生频次也会为每几年一次,而由于人类活动的影响该事件的重现期变为了 30 年左右,人类活动使青藏高原东南部类似于 2019 年早春强度的极端低温事件的发生可能性降低约 80%。总体来看,目前的国内外研究缺乏针对极端低温事件的风险评估。

中巴经济走廊北部属于帕米尔高原,是冰川的密集发育地,冰川与永久积雪广布,是极端低温事件的高发地区。Ali 等[25]对巴基斯坦极端气候的预估表明,21 世纪巴基斯坦地区极端高温天气频率将增加,而极端低温天气频率将减少,最高和最低气温极值的变化趋势大于平均气温趋势;21 世纪后半叶巴基斯坦极端低温频率和幅度都高于极端高温。Ullah 等[26]基于中巴经济走廊 1980~2016 年逐日气温站点数据,通过计算极端气温指数研究了该地区极端气温的时空变化特征,研究结果表明:巴基斯坦热昼、热夜日数呈增加趋势,冷昼、冷夜日数则减少。Khan 等[27]发现 1960~2013 年巴基斯坦大部分地区日平均最高和最低气温显著上升,相对于最高气温,最低气温上升更快。目前,针对该区域极端低温事件的风险评估相对较少。随着中巴经济走廊各建设项目的推进,中巴接壤的地区是中巴经济走廊建设的关键区域,该地区气候变化多样,生态环境脆弱,极端低温事件频发,这对中巴经济走廊建设将形成巨大挑战。

本章从中巴经济走廊地区极端低温事件的时空变化出发,综合考虑致灾因子危险性、承灾体暴露度和脆弱性,开展极端低温事件的发生规律、风险空间分布及低温灾害风险预估研究,以期为中巴经济走廊地区应对低温灾害提供科学参考。

5.1　数据与方法

5.1.1　数据

本书采用的逐日最低气温数据是基于中巴经济走廊及其周边地区 65 个气象站点逐日最低气温数据,以该地区 DEM 数据为协变量,采用 ANUSPLIN 软件进行空间插值而制作完成。与目前国际上常用的逐日最低气温数据集(PGFMD 和 CPC)验证表明,本数据集具有更高的精度,能够较好地反映出真实的最低气温时空分布特征。该数据已发表在《中国科学数据》上[28]。

低温暴露度指标主要包括人口密度、耕地面积占比和 GDP 数据（表 5-1）。其中人口密度数据来源于哥伦比亚大学国际地球科学信息网络中心所提供的调整后的第 4 版世界网格人口数据集 2015 年的数据（GPWv4），耕地面积占比数据主要来自于哥白尼全球土地服务中心提供的 2015 年耕地数据[29]，GDP 数据采用 Kummu 等发表在 *Scientific Data* 上的全球 1990～2015 年 GDP 栅格数据[30]。

表 5-1　极端低温研究数据信息

数据名称	时间分辨率	空间分辨率	时段	数据来源
人口密度 人口结构	年	30 弧秒	2000、2005、2010、2015、2020	https://sedac.ciesin.columbia.edu
GDP	年	5 弧秒	1990～2015	*Scientific Data*
耕地	年	100 m	2015～2019	https://lcviewer.vito.be
DEM	—	90 m	2000	https://srtm.csi.cgiar.org

低温脆弱性指标主要包括脆弱人口比重（年龄大于 65 岁以上的老人和 5 岁以下的儿童）、性别比重（男女比例）和中巴经济走廊 DEM 数据。其中脆弱人口比重数据、性别比重数据均来源于哥伦比亚大学国际地球科学信息网络中心所提供的调整后的第 4 版世界网格人口数据集 2010 年的数据（GPWv4），中巴经济走廊 DEM 数据来源于美国国家航空航天局（NASA）的航天飞机雷达地形测绘计划（SRTM）数据。

5.1.2　极端低温阈值

对于极端低温阈值的界定，一般采用非参数和参数化两种界定方法[31]。本书采用国内研究中常用的百分位法来定义极端阈值[32-34]。当某站某日的气象要素值低于该阈值时就认为该站该日出现了极端低温。常用的百分位有第 10、第 5 和第 1 百分位，即将逐年的日气象要素值按升序排序，将第 10、第 5 或第 1 百分位数的 55 年平均值定义为极端低温的阈值[35-37]。本书主要采用逐日最低气温数据的第 5 百分位来定义极端低温的阈值。考虑到中巴经济走廊地区气温地域差异较大，本书将年平均最低气温大于研究区平均最低气温的栅格剔除，如图 5-1 所示，空白区域即为剔除格点。

5.1.3　低温事件识别

极端事件具有强度、影响面积和持续时间的三维度特征。姜彤等[38]将极端事

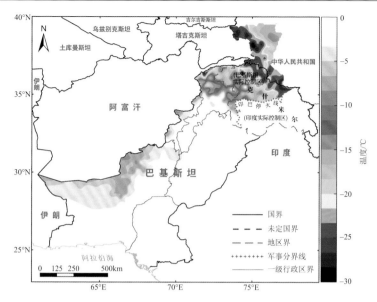

图 5-1　中巴经济走廊极端低温阈值空间分布

件的三维度特征联合起来，创建了强度-面积-持续时间（IAD）方法，定义一次极端事件为：在一定时间尺度段内，连续面积大于给定阈值的格点集合。此方法能客观识别极端事件强度、影响范围和持续时间，但仅能识别固定时间尺度的极端事件，无法实现事件在空间上的迁移，且存在面积的重复计算等问题[21]。本书通过对原有的 IAD 三维识别方法进行改进，成功识别了中巴经济走廊极端低温事件，具体步骤如下。

步骤 1：导入逐日最低气温栅格数据，如果是点数据，需将其转为面数据（LAT×LON×TIME），若导入数据为面数据，则直接进行步骤 2。

步骤 2：计算极端低温阈值。剔除高温地区（格点年均日最低气温>研究区平均日最低气温），选取逐年冬季（12～次年 2 月）日最低气温序列的第 5 百分位数的多年平均值作为极端低温的阈值。若界定极端低温阈值的方法为绝对阈值法或研究区无高温地区，则无须剔除高温地区步骤直接进行步骤 3。极端低温阈值计算方法可变，可根据研究需要界定极端低温阈值并识别极端低温事件。

步骤 3：设定极端低温事件最小影响面积阈值 A_0，剔除影响面积小于 A_0 的事件。一般情况下，小范围的极端低温事件可能是由一些误差引起且不会造成灾害，但会影响极端低温事件的识别结果。设定最小面积阈值 A_0，若一次低温事件的影响面积小于 A_0 则进行剔除。因此，此步骤首先对整个时间尺度进行扫描，剔除小于 A_0 的极端低温事件。本书最小面积 A_0 阈值可变，可根据研究区的大小来设定；借鉴目前国内外的研究，以中巴经济走廊为例，最小面积 A_0 阈值设为 25 000 km²，若进行中国区域的研究，可设为 150 000 km²，全球尺度研究，可设为 500 000 km²[39]。

步骤 4：识别极端低温事件。一次极端低温事件应包括发生、发展与消亡的过程。其中，发展过程包括极端低温的移动、分裂与重新组合。由于同一极端低温事件在短时间内移动距离较短，在发展过程中空间范围存在重叠。因此，对于相邻时间极端低温对象，若其空间范围拓扑相交，则认为极端低温对象属于同一次极端低温事件（图 5-2）。

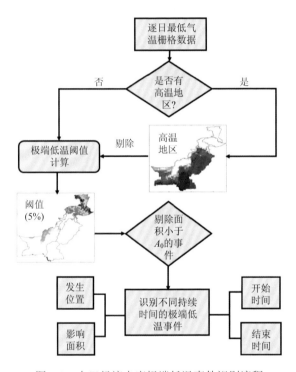

图 5-2　中巴经济走廊极端低温事件识别流程

5.1.4　风险评估框架

本书根据 IPCC 报告提出的风险表达建立极端低温事件灾害风险评估框架，低温灾害危险性、暴露度和脆弱性指数计算公式、指标权重计算方法与暴雨灾害风险评估过程中所采用的方法一致（见 3.1.5 节）。在指标计算过程中，极端低温的强度、频率、持续时间，以及人口密度、耕地面积占比、脆弱性人口比重是正向指标。

5.1.5　风险等级划分

为了明确中巴经济走廊地区极端低温灾害风险评估体系中各指标等级特征，根据第一次全国自然灾害综合风险普查技术规范（FXPC/QX P-04），采用标准差分级法对极端低温事件危险性、承灾体暴露度及脆弱性和极端低温灾害风险指数进行分级，对应分级标准如表 5-2 所示。

表 5-2　中巴经济走廊低温灾害风险评估分级标准

风险	等级	标准
高	1	指标值≥平均值+1σ
较高	2	平均值+0.5σ≤指标值<平均值+1σ
中	3	平均值−0.5σ≤指标值<平均值+0.5σ
较低	4	平均值−1σ≤指标值<平均值−0.5σ
低	5	指标值<平均值−1σ

注：指标值为极端低温灾害风险评估结果各指标值，平均值为研究区域非 0 风险指标均值，σ 为研究区域非 0 风险指标标准差。

5.2　极端低温事件时空变化

5.2.1　时间变化

极端低温事件的强度、频次、持续时间是描述其特征的重要指标。中巴经济走廊地区 1961～2015 年极端低温事件强度、频次、持续时间的年际变化如图 5-3 所示。1961～2015 年，该区域极端低温事件强度总体呈下降趋势，但下降趋势并不显著[图 5-3（a）]；极端低温事件发生频次总体趋于平稳，无显著变化趋势[图 5-3（b）]；该地区极端低温事件持续时间呈显著下降趋势，20 世纪 70 年代以前，持续时间较长[图 5-3（c）]。

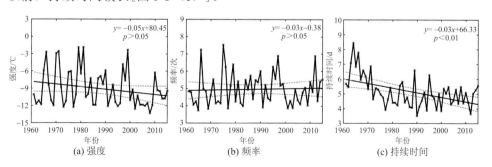

图 5-3　中巴经济走廊 1961～2015 年极端低温事件强度、频率和持续时间变化

5.2.2　空间变化

　　图 5-4（a）表示中巴经济走廊地区极端低温事件多年平均强度的空间变化，分析发现，该区域极端低温事件多年平均强度较高的分布区域主要在中巴经济走廊北部地区，包括吉尔吉特-巴尔蒂斯坦、中国喀什、开伯尔-普赫图赫瓦省北部和自由克什米尔地区；图 5-4（b）表示中巴经济走廊极端低温事件的多年平均频率空间分布，分析发现，该区域极端低温事件发生频率较高的区域主要分布在吉尔吉特-巴尔蒂斯坦和俾路支省的奎达地区,其中多年平均频率的最高值位于自由克什米尔区域；图 5-4（c）表示中巴经济走廊极端低温事件多年平均持续时间的空间变化，分析发现，该区域极端低温事件持续时间较长的区域主要分布在吉尔吉特-巴尔蒂斯坦、中国喀什、自由克什米尔和俾路支省的奎达地区。

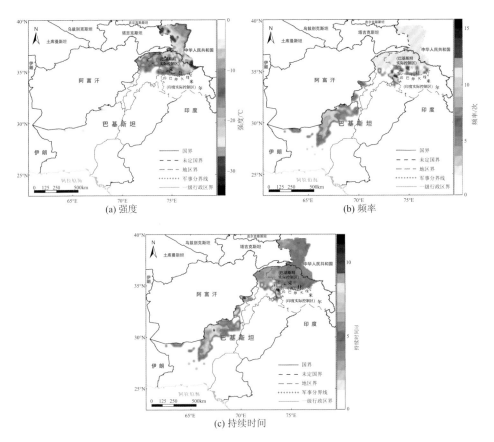

图 5-4　中巴经济走廊 1961～2015 年极端低温事件空间变化

重现期是衡量天气气候事件的重要指标。从低温重现期来看，随着重现期的增加，极端低温的强度均呈现增加趋势（图 5-5）。但在全球变暖背景下，中巴经济走廊北部山区极端低温气温显著下降（见 2.3 节），这表明 1961～2015 年极端低温的重现期缩短，相同重现期的极端低温强度增大，极端低温事件发生的概率增加，灾害性更大。

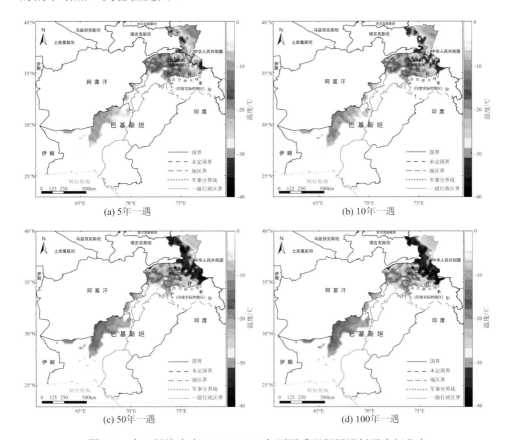

图 5-5　中巴经济走廊 1961～2015 年不同重现期极端低温空间分布

值得一提的是，近年来中巴经济走廊地区小概率的低温有所增加。如 2022 年初暴雪袭击了巴基斯坦，在首都伊斯兰堡的东部地区积雪深度甚至超过了 1 m，避暑胜地穆里（Murree）上千辆轿车"被雪深埋"，大约有 22 人被冻死（图 5-6）。此外，2022 年 6 月 21～22 日，巴基斯坦西北部地区遭遇了罕见的寒流。

表 5-3 总结了中巴经济走廊 1961～2015 年发生的典型极端低温事件。可以看出中巴经济走廊地区最冷的地区主要分布在中国喀什地区、吉尔吉特-巴蒂尔斯坦地区及俾路支省，尤其是斯卡都地区，冬季气温可降到零下 20℃。俾路支省奎达

和卡拉特等几个地区的气温也异常寒冷（低至零下15℃）。

图 5-6　2022 年 1 月 9 日巴基斯坦穆里暴雪

表 5-3　中巴经济走廊典型极端低温事件

序号	起止时间	发生位置	平均气温/℃	持续天数/d	数据来源
1	1962/12/30～1963/01/07	巴基斯坦北部山区和中国喀什地区	−24.0	9	PMD 和 CMA
2	1967/01/17～18	伊斯兰堡首都区	−6.0	1	PWP
3	1994/12/29～1995/01/19	吉尔吉特-巴尔蒂斯坦地区和中国喀什地区	−22.3	22	PMD 和 CMA
4	2004/01/22～30	吉尔吉特-巴尔蒂斯坦地区	−18.3	9	PMD
5	2008/01/27～02/14	巴基斯坦北部区域和中国喀什地区	−22.4	19	PMD 和 CMA
6	2009/01/04～09	俾路支省奎达地区	−15.0	5	PWP
7	2010/10/15～18	俾路支省西北地区和巴基斯坦北部部分地区	−12.9	3	PMD 和 CMA
8	2013/01/09～20	吉尔吉特-巴尔蒂斯坦地区	−12.0	11	PWP
9	2013/01/15～24	俾路支省西北地区	−6.5	10	NDMA
10	2013/12/26～2014/01/03	俾路支省西北地区和联邦直辖部落地区	−12.0	9	PWP

注：PMD 代表巴基斯坦气象局；CMA 代表中国气象局；PWP 代表巴基斯坦斯坦天气门户网站（Pakistan Weather Portal）；NDMA 代表巴基斯坦国家灾害管理局。

从空间分布来看，历史极端低温灾害事件频率相对较低（图 5-7）。EM-DAT 统计数据也表明，极端低温造成的死亡人口数量相对较少。值得一提的是，1961～2015 年，北部山区的最低气温呈显著下降趋势（2.3 节）。但近几年的研究发现，西风影响下的喀喇昆仑山是个例外：这里的冰川在最近十几年呈稳定或扩张状态，异常的温度下降被认为是其主要气候原因之一。这种与半球尺度温度的反相变化不仅在最近几十年，而且在过去 500 多年都是一直存在的[40]。因此，未来中巴经济走廊地区的极端低温事件的强度、频率、持续时间等特征会如何变化值得进一步深入研究。

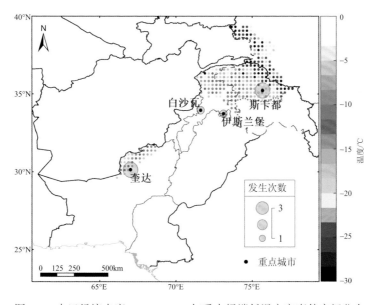

图 5-7　中巴经济走廊 1961～2015 年重大极端低温灾害事件空间分布

5.3　低温灾害风险评估

5.3.1　低温灾害危险性

危险性是指当该区域低温气象过程异常或超常变化达到某个临界值时，给社会经济系统造成破坏的可能性和严重程度[41,42]，通常基于历史极端低温事件发生的强度、频率、持续时间等指标进行评估。如气候变化检测和指数联合专家组（ETCCDI）提出的霜冻日数（FD）、持续冷日日数（CSDI）等[43,44]。其中强度为极端低温事件最低气温的均值，频率为年均极端低温事件发生次数，持续时间为事件的年平均历时。

致灾因子的危险性指标包括极端低温事件的强度[图 5-8（a）]、频率[图 5-8（b）]和持续时间[图 5-8（c）]。由中巴经济走廊危险性指数空间分布图可知，极端低温事件强度高的地区主要分布在中巴经济走廊北部，极端低温事件最高强度达到–30℃；极端低温事件频次高的地区主要分布在自由克什米尔地区和俾路支省北部；持续 6 天以上的极端低温事件主要分布在自由克什米尔地区、俾路支省北部、开伯尔-普赫图赫瓦省东北部。综合极端低温事件发生的强度、频率、持续时间，绘制致灾因子的危险性空间分布图[图 5-8（d）]，由此可以看出中巴经济走廊地区危险性较高的地区主要集中在吉尔吉特-巴尔蒂斯坦；中危险性地区主要包括吉尔吉特-巴尔蒂斯坦部分地区、开伯尔-普赫图赫瓦省北部地区和中国的喀什部分地区。

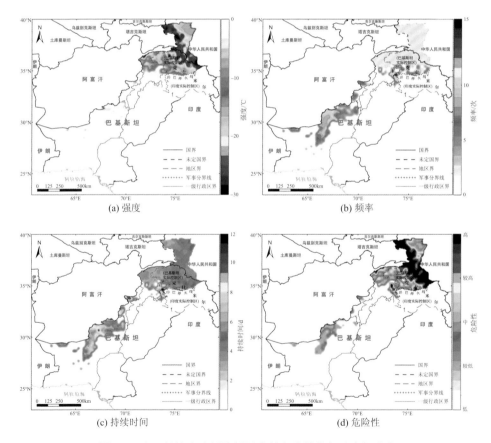

图 5-8　中巴经济走廊极端低温事件危险性指标及空间分布

5.3.2　低温灾害暴露度

暴露度是指处在极端低温灾害下人员、生计、环境服务和各种资源、基础设施，以及经济、社会文化资产等处在有可能受到不利影响的位置。人口、耕地和GDP 是风险评估最常考虑的暴露度指标[45-47]。根据第一次全国自然灾害综合风险普查技术规范《全国气象灾害风险评估技术规范（低温）》，结合中巴经济走廊指标数据的可获得性、代表性，主要选取人口密度、耕地面积占比和国内生产总值（GDP）作为极端低温灾害的暴露度指标。一个地区人口密度越大，暴露在极端低温中的人口数量越多。巴基斯坦是一个农业大国，农业是国民经济的重要来源，耕地是重要的承灾体暴露度指标之一。GDP 是衡量暴露在低温下的各种资产的重要指标，如各种仪器设备、房屋、车辆等。

暴露度指标包括人口密度[图 5-9（a）]、耕地面积占比[图 5-9（b）]和国内生产总值（GDP）[图 5-9（c）]。从中巴经济走廊地区暴露度指标的空间分布来

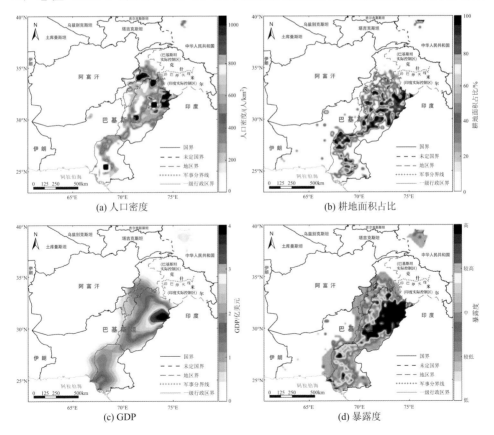

图 5-9　中巴经济走廊低温暴露度指标及暴露度空间分布

看,该区域人口密度较为集中的地区主要分布在联邦首都区、开伯尔-普赫图赫瓦省中部、旁遮普省和信德省;耕地面积占比较高的地区主要集中在巴基斯坦的信德省和旁遮普省;该区域生产总值主要集中在中巴经济走廊的中部地区,经济条件最为发达的地区是旁遮普省。从综合各指标后计算的该区域暴露度空间分布[图 5-9 (d)]来看,暴露度较高的地区主要集中在旁遮普省和信德省。

5.3.3 低温灾害脆弱性

脆弱性是指决定受到极端低温带来的不利影响的倾向或趋势的物理、社会、经济、环境、文化、制度等因子[48,49]。根据中巴经济走廊低温脆弱性指标的可获得性、代表性,主要选取脆弱人口比重、性别比重和数字高程模型(DEM)作为极端低温灾害的脆弱性指标,并采用层次分析法、熵权法和组合权重计算各指标权重及脆弱性指数。

承灾体的脆弱性指标包括脆弱人口比重[图 5-10 (a)]、性别比重[图 5-10 (b)]和数字高程模型[图 5-10 (c)]。从研究区承灾体的脆弱性指标的空间分布来看,该区域脆弱人口主要集中分布在俾路支省北部和信德省东南部;男女性别比重最大值分布在俾路支省的西部;平原地区主要分布在巴基斯坦的东南部,北部地区海拔较高,山地类型广泛分布。结合中巴经济走廊的脆弱性指标[图 5-10 (d)]来看,脆弱程度较高的地区主要集中在北部海拔较高的山区、俾路支省中部及旁遮普省北部。

5.3.4 低温灾害风险评估与区划

将致灾因子的危险性指数、承灾体的暴露度指数和脆弱性指数归一化后通过风险评估模型计算得到极端低温灾害风险指数,然后采用标准差法进行风险分级得出极端低温灾害风险空间分布(图 5-11)。中巴经济走廊地区低温风险高值区主要分布在北部的中国喀什地区、吉尔吉特-巴尔蒂斯坦、自由克什米尔地区、联邦直辖部落地区和开伯尔-普赫图赫瓦省北部地区。

根据图 5-11 中的中巴经济走廊极端低温风险空间分布,进一步按行政区划统计该地区的极端低温风险不同风险等级的面积占比。由图 5-12 可知,中巴经济走廊地区中风险、较高风险及高风险面积占比最大的地区均为自由克什米尔地区,中国喀什地区的高风险区域面积占比约为 5%;旁遮普省、信德省、俾路支省均为低风险、较低风险地区;总体来看,整个中巴经济走廊极端低温低风险区域占比超过 96%,但中风险以上地区仍然存在且不容忽视。根据本书结果,可针对中高风险占比较高地区,如自由克什米尔地区、中国喀什地区、开伯尔-普赫图赫瓦省进行极端低温灾害监测和预警。

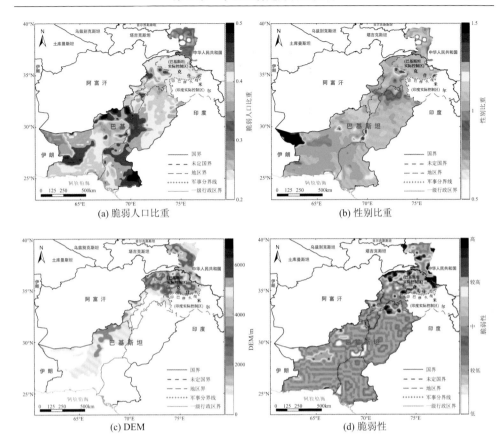

图 5-10　中巴经济走廊极端低温事件脆弱性指标及脆弱性空间分布

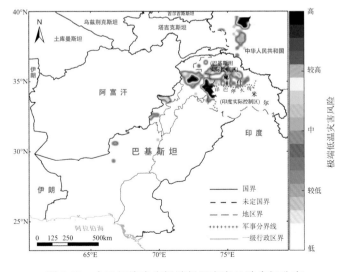

图 5-11　中巴经济走廊极端低温灾害风险空间分布

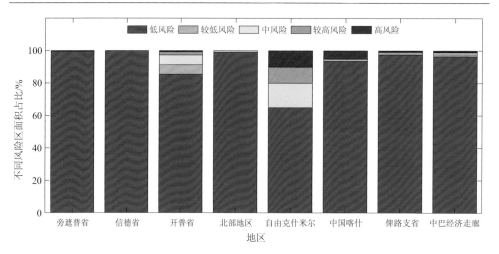

图 5-12　中巴经济走廊及各行政单元极端低温灾害不同风险区所占面积比例

为进一步验证本书的评估结果精度，将极端低温灾害风险评估结果与 2020 年中巴经济走廊地区寒潮低温灾害实际受灾调查情况进行对比。灾害损失调查数据表明：2020 年该地区极端低温灾害分布在自由克什米尔地区，造成至少 66 人死亡。此外，从巴基斯坦国家灾害管理局（NDMA）、巴基斯坦天气门户网站（PWP）和紧急灾难数据库（EM-DAT）的 1961～2015 年极端低温事件的灾损数据来看，吉尔吉特-巴尔蒂斯坦地区、开伯尔-普赫图赫瓦省部分地区是经常发生极端低温事件的区域，这些区域是本书中的高风险区域，本书的其他高风险地区，如喀什地区是我国西北极端低温事件的高发区域[50]。本书中的中高风险地区与中巴经济走廊地区典型重大历史极端低温灾害高发地区高度吻合，验证了结果的可靠性和真实性。

5.3.5　低温灾害风险预估

基于 ISIMIP 第 3 阶段提供的 5 个 GCM（见 4.3.5 节）的模拟结果，首先对各模式（1861～2100 年）结果进行统计降尺度获得空间分辨率为 0.25°×0.25°的逐日最低气温的集合平均结果，提取 2021～2050 年三种情景（SSP1-2.6、SSP3-7.0 和 SSP5-8.5）下中巴经济走廊逐日最低气温数据作为预估数据。同时，选取 3 个共享社会经济路径（SSP1、SSP3、SSP5）下的人口、GDP 数据（https://sedac.ciesin.columbia.edu）；通过极端低温风险评估框架下建立的致灾因子危险性、承灾体暴露度和脆弱性的风险评估指标体系，开展极端低温事件的风险预估。结果表明：不同情景下，中巴经济走廊低温风险空间分布范围大致相同，高风险区域主要集中在高海拔区域。SSP1-2.6 情景下中风险占比最大，高风险区域主要集中在俾路支省西北的奎达地区、自由克什米尔地区和中国的喀什地区；SSP3-7.0 情景下，俾路支省中风险地区面积占比上升，开伯尔-普赫图赫瓦省出现高风险区域；SSP5-8.5 情景下开伯尔-普赫图赫瓦省高风险区域进一步增加、高风险面积占比显著上升（图 5-13）。总体来看，未来情景下整个中巴经济走廊地区高、较高和中等风险地区面积比例增大，而较低和低风险面积比例下降，需进一步提高低温灾害应对能力。

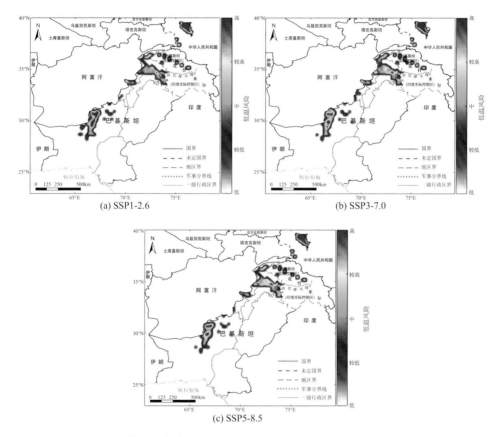

图 5-13　中巴经济走廊 2021～2050 年不同情景下极端低温风险预估

本章基于极端低温事件强度、频率、持续时间、人口密度、耕地面积占比、DEM、GDP、脆弱人口比重和性别比重 9 个指标，采用层次分析法和熵权法确定各指标组合权重，评估了中巴经济走廊地区低温灾害风险。研究结果表明：在低温灾害风险评估指标体系中，低温事件的强度、人口密度及 DEM 是影响最大的因子；中巴经济走廊地区低温灾害风险等级较高的区域主要集中在中国喀什地区、自由克什米尔地区、开伯尔-普赫图赫瓦省北部地区、联邦直辖部落地区中南部，其他绝大部分地区为低风险区。

需要指出的是，由于数据获取难度大，本书中所使用的灾损数据和承灾体数据存在年份上的差异性，尽管在构建极端低温风险评估指标体系中进行了处理，仍可能会对风险评估结果的精确性有影响。随着今后各数据更新、风险评估指标体系的完善，极端低温事件风险评估体系的科学性及完整性有望进一步提高。与此同时，在今后研究中需采用更高时空分辨率的数据，优化指标体系，加强多时空尺度极端低温灾害风险评估研究。

参 考 文 献

[1] Pörtner H-O, Roberts D C, Tignor M, et al. Climate Change 2022: Impacts, Adaptation, and Vulnerability[M]//Contribution of Working Group II to the Sixth Assessment Report of the Intergovernmental Panel on Climate Change. Cambridge: Cambridge University Press, 2022.

[2] Hu W W, Zhang G W, Zeng G, et al. Changes in extreme low temperature events over Northern China under 1.5℃ and 2.0℃ warmer future scenarios[J]. Atmosphere, 2019, 10(1): 1.

[3] Sulca J, Vuille M, Roundy P, et al. Climatology of extreme cold events in the central Peruvian Andes during austral summer: Origin, types and teleconnections[J]. Quarterly Journal of the Royal Meteorological Society, 2018, 144(717): 2693-2714.

[4] Sun, Q H, Sun, Z Y, Chen C, et al. Health risks and economic losses from cold spells in China[J]. Science of the Total Environment, 2022, 821: 153478.

[5] Johnson N C, Xie S P, Kosaka Y, et al. Increasing occurrence of cold and warm extremes during the recent global warming slowdown[J]. Nature Communications, 2018, 9: 1724.

[6] 刘彤, 闫天池. 我国的主要气象灾害及其经济损失[J]. 自然灾害学报, 2011, 20(2): 90-96.

[7] 王维国, 缪宇鹏, 孙瑾. 欧亚极端寒冷事件分析及灾害应对措施[J]. 中国应急管理, 2012, 3: 52-55.

[8] Mu M, Luo D H, Zheng F. Preface to the special issue on extreme cold events from East Asia to North America in Winter 2020/21[J]. Advances in Atmospheric Sciences, 2022, 39(4): 543-545.

[9] Ding Y J, Mu C C, Wu T H, et al. Increasing cryospheric hazards in a warming climate[J]. Earth-Science Reviews, 2021, 213: 103500.

[10] 中国气象局气候变化研究中心. 中国气候变化蓝皮书[M]. 北京: 科学出版社, 2022.

[11] 徐蒙, 管兆勇, 蔡倩. 1960-2015 年中国冬半年极端降温过程事件的时空演变特征[J]. 气象科学, 2020, 40(6): 733-743.

[12] Yu Y, Li Y, Ren R, et al. An isentropic mass circulation view on the extreme cold events in the 2020/21 winter[J]. Advances in Atmospheric Sciences, 2022, 39: 643-657.

[13] Zhang X, Fu Y, Han Z, et al. Extreme cold events from East Asia to North America in winter 2020/21: Comparisons, causes, and future implications[J]. Advances in Atmospheric Sciences,

2022, 39: 553-565.

[14] van Oldenborgh G J, Mitchell-Larson E, Vecchi G A, et al. Cold waves are getting milder in the northern midlatitudes[J]. Environmental Research Letters, 2019, 14: 114004.

[15] Kug J S, Jeong J H, Jang Y S, et al. Two distinct influences of Arctic warming on cold winters over North America and East Asia[J]. Nature Geosciences, 2015, 8: 759-762.

[16] Zhang M, Yang X Y, Huang Y P. Impacts of sudden stratospheric warming on extreme cold events in early 2021: An ensemble-based sensitivity analysis[J]. Geophysical Research Letters, 2022, 49(2): e2021GL096840.

[17] Freychet N, Tett A, Abatan A, et al. Widespread persistent extreme cold events over South East China: Mechanisms, trends, and attribution[J]. Journal of Geophysical Research: Atmospheres, 2021, 126(1): e2020JD033447.

[18] 刘子奇, 路瑶, 李艳. 中国大范围持续性极端低温事件年代际变化及其大气环流成因[J]. 高原气象, 2022, 41(3): 558-571.

[19] Zhang Y X, Liu Y J, Ding Y H. Identification of winter long-lasting regional extreme low-temperature events in Eurasia and their variation during 1948-2017[J]. Advances in Climate Change Research, 2021, 12(3): 353-362.

[20] Kretschmer M, Cohen J, Matthias V, et al. The different stratospheric influence on cold-extremes in Eurasia and North America[J]. NPJ Climate Atmospheric Science, 2018, 1: 44.

[21] 王安乾, 苏布达, 王艳君, 等. 中国极端低温事件特征及其耕地暴露度研究[J]. 资源科学, 2017, 39(5): 954-963.

[22] 李言蹊, 陈海山. 冬季亚洲中纬度极端低温事件与巴伦支-喀拉海异常增暖的关系及联系机制[J]. 大气科学, 2021, 45(4): 889-900.

[23] Åström D O, Forsberg B, Ebi K L, et al. Attributing mortality from extreme temperatures to climate change in Stockholm, Sweden[J]. Nature Climate Change, 2013, 3: 1050-1054.

[24] Duan J P, Chen L, Li L, et al. Anthropogenic influences on the extreme cold surge of early spring 2019 over the Southeastern Tibetan Plateau[J]. Bulletin of the American Meteorological Society, 2021, 102(4): S111-S116.

[25] Ali S, Eum H II, Cho J, et al. Assessment of climate extremes in future projections downscaled by multiple statistical downscaling methods over Pakistan[J]. Atmospheric Research, 2019, 222: 114-133.

[26] Ullah S, You Q L, Ullah W, et al. Observed changes in temperature extremes over China-Pakistan Economic Corridor during 1980-2016[J]. International Journal of Climatology, 2019, 39(3): 1457-1475.

[27] Khan N, Shahid S, Ismail T B, et al. Spatial distribution of unidirectional trends in temperature and temperature extremes in Pakistan[J]. Theoretical and Applied Climatology, 2019, 136(3-4): 899-913.

[28] 陈金雨, 陶辉, 刘金平. 1961-2015 年中巴经济走廊逐日气象数据集[J]. 中国科学数据, 2021, 6(2): 229-238.

[29] Buchhorn M, Lesiv M, Tsendbazar N E, et al. Copernicus global land cover layers–Collection 2[J]. Remote Sensing, 2020, 12(6): 1044.

[30] Kummu M, Taka M, Guillaume J H A. Gridded global datasets for gross domestic product and human development index over 1990-2015[J]. Scientific Data, 2018, 5: 180004.

[31] Chen H S, Liu L, Zhu Y J. Possible linkage between winter extreme low temperature events over China and synoptic-scale transient wave activity[J]. Science China (Earth Sciences), 2013, 56(7): 1266-1280.

[32] 布和朝鲁, 彭京备, 谢作威, 等. 冬季大范围持续性极端低温事件与欧亚大陆大型斜脊斜槽系统研究进展[J]. 大气科学, 2018, 42(3): 656-676.

[33] Zhang Z J, Qian W H. Identifying regional prolonged low temperature events in China[J]. Advances in Atmospheric Sciences, 2011, 28(2): 338-351.

[34] Kim Y, Lee S. Trends of extreme cold events in the central regions of Korea and their influence on the heating energy demand[J]. Weather and Climate Extremes, 2019, 24: 100199.

[35] 陈海山, 刘蕾, 朱月佳. 中国冬季极端低温事件与天气尺度瞬变波的可能联系[J]. 中国科学: 地球科学, 2012, 42(12): 1951-1965.

[36] 龚志强, 王晓娟, 崔冬林, 等. 区域性极端低温事件的识别及其变化特征[J]. 应用气象学报, 2012, 23(2): 195-204.

[37] Lee W V. Historical global analysis of occurrences and human casualty of extreme temperature events (ETEs) [J]. Nature Hazards, 2014, 70: 1453-1505.

[38] 姜彤, 王艳君, 翟建青, 等. 极端气候事件社会经济影响的风险研究: 理论、方法与实践[J]. 阅江学刊, 2018, 10(1): 90-105.

[39] Sheffield J, Andreadis K M, Wood E F, et al. Global and continental drought in the second half of the twentieth century: Severity-area-duration analysis and temporal variability of large-scale events[J]. Journal of Climate, 2009, 22(8): 1962-1981.

[40] Asad F, Zhu H, Zhang H, et al. Are Karakoram temperatures out of phase compared to hemispheric trends? [J]. Climate Dynamics, 2017, 48: 3381-3390.

[41] 王颖, 王晓云, 江志红, 等. 中国低温雨雪冰冻灾害危险性评估与区划[J]. 气象, 2013, 39(5): 585-591.

[42] 朱红蕊, 刘赫男, 张洪玲, 等. 黑龙江省玉米低温冷害风险评估及预估[J]. 气候变化研究进展, 2015, 11(3): 173-178.

[43] 王琼, 张明军, 王圣杰, 等. 1962—2011 年长江流域极端气温事件分析[J]. 地理学报, 2013, 68(5): 611-625.

[44] 刘宪锋, 朱秀芳, 潘耀忠, 等. 近 53 年内蒙古寒潮时空变化特征及其影响因素[J]. 地理学报, 2014, 69(7): 1013-1024.

[45] Zhang Y X, Wang G F. Assessment of the hazard of extreme low-temperature events over China in 2021[J]. Advance in Climate Change Research, 2022, 13(6): 811-818.

[46] Ma Y, Wang H, Cheng B, et al. Health risk of extreme low temperature on respiratory diseases in western China[J]. Environmental Science and Pollution Research, 2022, 29: 35760-35767.

[47] 王安乾, 苏布达, 王艳君, 等. 全球升温 1.5℃ 与 2.0℃ 情景下中国极端低温事件变化与耕地暴露度研究[J]. 气象学报, 2017, 75(3): 415-428.

[48] 郑菲, 孙诚, 李建平. 从气候变化的新视角理解灾害风险、暴露度、脆弱性和恢复力[J]. 气候变化研究进展, 2012, 8(2): 79-83.

[49] Birkmann J, Kienberger S, Alexander D E. Assessment of Vulnerability to Natural Hazards: A European Perspective[M]. San Diego: Elsevier, 2014.

[50] 艾雅雯, 孙建奇, 韩双泽, 等. 1961—2016 年中国春季极端低温事件的时空特征分析[J]. 大气科学, 2020, 44(6): 1305-1319.

第6章　中巴经济走廊干旱灾害

干旱作为全球范围内频繁发生的一种自然灾害，在 20 世纪全球十大自然灾害中位居首位，严重威胁着人类赖以生存的粮食、水和生态环境，尤其是给农业生产造成了严重影响[1-5]。根据世界银行的统计数据，1970～2019 年干旱灾害占报告灾害数量的 6%，34%的因灾致死人口与干旱相关，是致死人口最高的灾害[6]。IPCC 第六次评估报告指出，随着全球变暖，干旱发生频率增多、强度增加，影响范围随之扩大（高信度），自 20 世纪 50 年代以来，全球约 7 亿人口遭受了长期干旱（中等信度）[7]；联合国粮食及农业组织（FAO）发布的《灾害和危机对农业和粮食安全的影响》（2021 年版）指出，2008～2018 年，全球约 3/4 的农业产区因气象干旱减产，造成约 370 亿美元的经济损失[8]。因此，开展干旱灾害风险评估，降低农业生产、生态环境和社会经济的损失至关重要。

目前，国内外对干旱还没有统一定义，20 世纪 80 年代 WMO 将干旱定义为一种持续的、异常的降水亏缺[9]。联合国粮食及农业组织（FAO）定义干旱为"由于土壤水缺失造成的作物减产现象"[10]。中国气象局认为干旱是因水分的收支或供求不平衡而形成的持续的水分短缺现象[11]。对干旱的这种定义虽然在一定程度上反映了引起干旱的直接原因，但由于干旱涉及的时空范围广泛，且各地区自然环境和社会经济条件差异明显，很难给出统一的干旱定义。通常，根据描述对象的不同将干旱分成气象干旱、农业干旱、水文干旱和社会经济干旱的分类方法已基本达成共识[12]。

气象干旱是指某时段内降水量持续低于平均水平或者由于蒸发量与降水量的收支不平衡造成的水分亏缺现象[13]。通常，大气降水亏缺引起的气象干旱最先发生，随即导致土壤湿度下降造成作物减产从而发生农业干旱，进而引起地表、地下水资源亏缺、河流径流量减少而形成水文干旱[14]。长期的气象干旱容易引起多种干旱并存的现象，影响国民经济发展，造成社会经济干旱。本质上讲，其他干旱是气象干旱的影响结果，气象干旱的准确监测对于其他干旱的预警、缓解具有重要意义[15]。值得一提的是，社会经济干旱与其他类型的干旱不同，它主要是将气象干旱、农业干旱和水文干旱与人类活动联系起来，并不是一个很明确的干旱类别。因此，联合国减少灾害风险办公室（UNDRR）在《减少灾害风险全球评估报告》（GAR11）中，提出用气象干旱、农业干旱和水文干旱诠释干旱，而不再沿用美国气象学会提出的社会经济干旱[16]。

干旱指数是研究干旱的基础，也是衡量干旱严重程度的关键指标，选择合适的干旱指数对气候变化研究和干旱灾害风险评估具有重要意义[17]。目前国内外研究者发展了多种干旱指数，但是没有一种指数能够适用于不同区域干旱特征的表征及其对环境和社会影响的评估，即使对同一个研究区域，不同干旱指数所得的结果也存在明显差异[18]。较早出现的 Palmer 干旱指数（PDSI）是干旱指数发展的里程碑，它综合考虑了地表前期降水量、土壤含水量、径流和潜在蒸散量[19]。在 PDSI 计算中使用了多个取值依赖研究区域的经验参数。针对这一问题，有研究者提出了自适应 PDSI（scPDSI）[20]。但 Dai[21]通过比较发现，与 PDSI 相比，scPDSI 具有更高的空间可比较性，当采用 Penman-Monteith 公式计算潜在蒸散时，scPDSI 显示 1950～2008 年全球陆地干旱发生面积的增长速率略低。

20 世纪 90 年代 McKee 等[22]将干旱指数同特定的时间尺度相关联，推出了标准化降水指数（SPI），并在功能上区分了气象、农业、水文和其他干旱，其定义相对简单，得到了广泛的应用。但 SPI 未考虑气温对干旱的影响，在全球变暖的气候变化背景下适用性较差。为了克服 SPI 的不足，Vicente-Serrano 等[23]提出了标准化降水蒸散发指数（SPEI），它综合考虑了降水和蒸发作用，且继承了 SPI 的多尺度特征，在全球变暖的气候变化背景下，能够解释温度变化和极端温度可能的影响，有较好的适用性。利用 SPEI 不仅可以直观反映区域干湿分布与变化趋势，而且能够反映不同尺度的干旱变化情况，从而体现不同类型的干旱状况。Adnan 等[24]比较了 15 种干旱指数在巴基斯坦干旱监测中的效果，结果也表明 SPEI 更能准确地反映巴基斯坦干旱的年际变化特征。

目前，有关干旱的研究主要集中在干旱的实时监测、时空演变特征、干旱成因、干旱预估及干旱风险评估等方面[25-30]。在干旱实时监测方面，国内外已形成地面、航空、航天、多卫星的立体干旱监测格局[31]。20 世纪末，为了加强和集中干旱监测，美国国家海洋和大气管理局（NOAA）、农业部（USDA）和国家干旱减灾中心（NDMC）联合研发了一个周尺度干旱监测产品（DM）[32]。在国内，1995 年起，中国气象局国家气候中心开发研制了"旱涝气候监测业务系统"，该系统利用降水量、气温等常规观测要素，依托气候指标进行计算，实现了对全国干旱范围和程度的实时监测和影响评估，并利用数值模式预报资料对未来旱涝发展趋势进行预警分析[15]。在干旱时空演变、成因及未来预估方面，IPCC 第六次评估报告（AR6）指出全球尺度上陆地升温造成了大气蒸发需求和干旱事件强度的增加（高信度），但干旱在不同区域上变化趋势的信度和归因结果差别很大。整体上，过去几十年以来，地中海、北美西部、非洲南部和澳大利亚西南部干旱频率和强度的增加可以归因于人为全球变暖（高信度）[7]。在干旱风险评估方面，随着全球范围内干旱灾害的频繁发生、灾情加重，国内外学者开展了大量有关干旱灾害风险的研究[33-42]。目前干旱灾害风险综合评估方法主要有加权综合评价法、分布函数评价法、历史相似评估法[3]。对于加权综合评价法，有学者提出自然灾害风险是各风险因子的代数和[43]，也有学者提出为各风险因子的乘积[44]。张继权和李宁[45]提出，自然灾害风险=（致灾因子）危险性×（孕灾环境）暴露性×（承灾体）脆弱性×防灾减灾能力，这种观点也在干旱灾害风险评估研究中被采用和验证[46-48]。此外，赵佳琪等[49]通过将旱灾损失数据融合进风险评估模型，对旱灾风险进行校正，构建了新的旱灾风险评估模型，克服了以往研究方法中权重主观性太强和理论依据薄弱的问题，该方法为旱灾风险评估提供了一种新的思路。

中巴经济走廊沿线干旱灾害发生频繁，严重影响着沿线地区的安全和社会发展，制约着"一带一路"倡议的实施。因此，有必要对中巴经济走廊沿途干旱灾害风险进行研究，这将对抗旱减灾及风险评估提供有力的理论依据，为进一步掌握该地区干旱时空特征提供科学支撑，也为抗旱生产实践提供决策参考，促进中国与共建"一带一路"国家的灾害监测、预警、救灾、减灾的科技合作。

目前，国内外针对中巴经济走廊干旱灾害风险方面的研究较为缺乏。朱淑珍等通过构建植被状态指数分析了近 32 年巴基斯坦的干旱范围和频率，采用由干旱频率、牲畜、土壤、作物、灌溉面积等资料表征的危险性、脆弱性、暴露度和防灾减灾能力对巴基斯坦干旱风险进行了评估。结果表明：巴基斯坦 5～8 月干旱频率较低，西部山区林地、草地 9 月干旱频率较高，东部平原 1 月和 9～12 月干旱频率较高；巴基斯坦干旱风险空间格局主要由干旱频率、作物产量、大牲畜比例、土壤持水能力决定，其中干旱频率对区域干旱风险的影响最大。在大牲畜比例和土壤持水能力的分别作用下，巴基斯坦北部山区向平原过渡的地带和东南部自然植被覆盖地区干旱风险较高；受灌溉影响，地形平坦的河谷地区干旱风险较低；北部山区自然植被覆盖度高，干旱风险也较低[50]。

结合国内外对干旱的研究可以看出，以往干旱研究更多关注某一时刻空间上某处干旱指标是否比设定阈值小，小于该阈值则认为该位置在此时刻发生干旱；但现实生活中，干旱本身存在空间和时间上的连续性。因此，通过研究三维干旱事件识别方法，从干旱事件角度研究中巴经济走廊干旱时空变化特征更为合理。

本章基于 1961～2015 年逐月 SPEI 数据（空间分辨率为 0.25°×0.25°），对中巴经济走廊历史干旱事件进行识别，辨识干旱事件时空变化特征；结合人口、GDP、耕地面积、年降水量、归一化植被指数（NDVI）和河流宽度等指标，构建干旱风险评估指标体系，并对中巴经济走廊历史干旱进行风险评估。

6.1　数据与方法

6.1.1　数据

本书使用的数据主要分为气象水文数据和经济社会数据两大类，其中气象水文数据包含标准化降水蒸散发指数（SPEI），经济社会数据则包含暴露度指标（人口密度、GDP、耕地）及脆弱性指标（年降水量、NDVI、河流宽度）相关数据。具体信息如表 6-1 所示。

表 6-1　干旱灾害研究数据信息

数据名称	时间分辨率	空间分辨率	时段	数据来源
SPEI	逐月	0.5°	1961～2015	https://spei.csic.es/spei_database
NDVI	15 天	1/12°	1982～2015	https://ecocast.arc.nasa.gov
人口密度	年	1 km	2000、2005、2010、2015、2020	https://sedac.ciesin.columbia.edu
GDP	年	5 弧秒	1990～2015	*Scientific Data*
耕地	年	100 m	1982～2015	https://lcviewer.vito.be
河流宽度	年	30 m	2015	https://www.hydrosheds.org
年降水量	年	0.25°	1961～2015	https://www.scidb.cn

其中，SPEI 历史数据时段选取 1961～2015 年，该数据来自于西班牙比利牛斯生态研究所提供的不同时间尺度（1～24 月）的 SPEI[51]；河流宽度提取自 HydroSHEDS 数据集，该数据集由世界自然基金会（WWF）和美国地质调查局（USGS）合作开发，它提供了一套不同尺度的地理参考数据集（矢量和栅格），包括河流网络、流域边界、排水方向和流量积累[52]；年降水数据采用发表在《中国科学数据》的中巴经济走廊气象数据集中的逐日降水数据进行合成；耕地数据时段为 1982～2015 年，原始数据为格点耕地面积所占比例，本书选取 2015 年耕地数据；人口密度原始数据年份为 2000 年、2005 年、2010 年、2015 年及 2020 年，由哥伦比亚大学国际地球科学信息网络中心提供；GDP 数据采用 Kummu 等发表在 *Scientific Data* 上的全球 1990～2015 年 GDP 栅格数据[53]。

考虑蒸散的影响，干旱研究采用的是标准化降水蒸散发指数（SPEI）。标准化降水蒸散发指数是对降水量与潜在蒸散量差值序列的累积概率值进行正态标准化后的指数。首先，采用 Penman-Monteith 公式计算观测器逐日潜在蒸散量，然后计算逐月降水与蒸散的差值 D_i：

$$D_i = P_i - \mathrm{PET}_i \tag{6-1}$$

式中，P_i 为月降水量；PET_i 为月潜在蒸散量。

再建立不同时间尺度气候学意义的水分盈亏累积序列，即

$$D_n^k = \sum_{i=0}^{k-1} \left(P_{n-i} - \mathrm{PET}_{n-i} \right) \tag{6-2}$$

式中，$n \geq k$，k 为时间尺度（月）；n 为计算次数。

最后，对 D_i 数据序列进行正态化，计算每个数值对应的 SPEI 值。采用 log-logistic 分布对 D_i 数据序列进行拟合，并对序列进行标准化转换，最终得到不同时间尺度的 SPEI 值[23]。SPEI 指标干旱等级划分见表 6-2，当 SPEI ≤−1 时，则认为其处于干旱的状况。

表 6-2 SPEI 指标干旱等级划分

干旱指数	无旱	轻旱	中旱	重旱	特旱
SPEI	−0.5～0.5	−1～−0.5	−1.5～−1	−2～−1.5	≤−2

6.1.2 干旱事件识别

目前一维干旱事件常用的方法为游程理论，如图 6-1 所示，对于干旱指标时间序列选取某一特定的干旱指标阈值 x_0，若小于该阈值则认为发生干旱，SPEI 干旱指标阈值一般为−1。干旱指标连续小于选定阈值的阴影部分为干旱事件，图 6-1 中显示发生两次干旱；干旱历时为阴影部分的持续时间（D）；干旱烈度为阴影部分面积（S）；干旱强度为干旱事件中干旱指标的平均值。

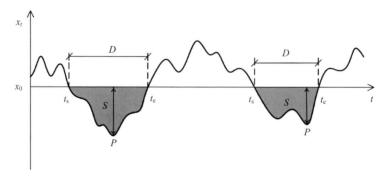

图 6-1 游程理论示意图

x_t 为干旱指标值；t_s 和 t_e 分别为干旱起止时间；P 为干旱峰值

干旱事件的发生、发展和恢复不仅在时间上连续，在空间上也呈现动态扩展或收缩性，具有明显的时空三维特征[54,55]。一维干旱识别只能描述站点或区域整体干旱特征，其刻画干旱空间连续变化特征的能力有限，因此需要在空间上对干旱连续性进行识别，目前常用方法为空间聚类法。空间聚类指将空间上具有相似特征的对象进行组合，即把相邻干旱格点归为同一场干旱事件。从空间上识别出具有相关联的网格群认为是同一场干旱事件，记为一个干旱斑块。干旱斑块面积大小不一，通常需设定一个最小干旱斑块面积 A_0 来剔除不符合研究要求的干旱斑块，认为小于该阈值的斑块可以忽略不计。空间上对干旱斑块进行聚类后下一步则是各斑块时间连续性的判别。

1. 识别干旱斑块

对于每个时刻（$t=1, \cdots, n_t$），采用干旱斑块识别方法识别干旱斑块，并用不同的编号（记为 $l=1, 2, \cdots, n_l$，其中 n_l 为干旱斑块总个数）标记不同的干旱斑块，得到干旱编号矩阵，记为 L（lon, lat, t），lon、lat、t 分别为经度、纬度、时间。该矩阵的大小为 $n_{lon} \times n_{lat} \times n_t$，被识别为干旱斑块的位置值为干旱斑块编号 l，未被识别为干旱斑块的位置值为 0。若干旱指标阈值为 X_0，则 L 可表示为

$$L = \begin{cases} l & X(\mathrm{lon, lat}, t) < X_0 \\ 0 & X(\mathrm{lon, lat}, t) \geqslant X_0 \end{cases}$$

2. 判断干旱事件连续性

实际研究中，覆盖面积广、持续时间久的干旱是关注的重点，小范围的干旱不会造成很大的危害。因此，在干旱识别中需要提前设定一个最小干旱斑块面积，记为 A_0，并认为面积小于该值的干旱斑块可以忽略不计。利用该最小干旱斑块面积可以判定干旱斑块之间的时间连续性。如图 6-2 所示，假定两个相邻时刻 t 和 $t-1$，分别有两个相邻的干旱斑块 A_t 和 A_{t-1}（图中的白色斑块），它们在二维平面上的投影之间有一个重叠面积（A_{overlap}）。如果 A_{overlap} 大于最小干旱面积 A_0，则认为 A_t 和 A_{t-1} 属于同一场干旱，反之则认为 A_t 和 A_{t-1} 不属于同一场干旱。按照此规则，比较 t 和 $t-1$ 两个相邻时刻的任何一对干旱斑块。

3. 根据编号提取事件

采用干旱事件强度、烈度、持续时间和影响面积等变量描述事件特征，其中强度为干旱事件的所有格点的 SPEI 均值；烈度为干旱事件中所有格点对应的干旱指标与干旱阈值之差的累积平均值；持续时间是事件历时；影响面积为事件的

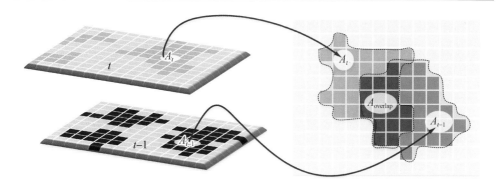

图 6-2　干旱面积（斑块）的连续性判别示意图

最大影响范围，即事件在二维平面上的投影。

在整个三维干旱事件识别过程中，A_0 是唯一的参数，该值过小不仅会使最终识别出的干旱事件数量过多，而且会导致时间上连续性持续较长，造成干旱事件识别有误且不合理的现象；而该值过大则会导致最终识别干旱事件过少，干旱持续时间过短。Wang 等[56]研究结果表明，以全国为研究尺度的情况下，A_0 宜为区域面积的 1.6%。

6.1.3　风险评估框架

干旱灾害风险评估是定量认识干旱灾害风险机理、科学防控干旱灾害风险的重要基础性研究，在干旱灾害风险管理理论与实践中具有重要意义[57]。本书基于 IPCC-SREX 特别报告中灾害风险评估理论[58]，将干旱灾害风险划分为危险性、暴露度和脆弱性，参考国内外评估干旱常用指标，依据指标选取的代表性、易量化性、自然与社会因素相结合及来源可靠性原则，构建适用于中巴经济走廊地区的干旱灾害风险评估指标体系。本书中危险性指标选取干旱持续时间、强度和烈度，三个指标均基于干旱事件；暴露度指标选取人口密度、GDP 和耕地面积占比；脆弱性指标选取年降水量、NDVI、河流宽度，其中河流宽度在一定程度上可以反映抗旱救灾能力。

依据 IPCC 提出的风险评估框架建立干旱灾害风险评估模型，计算公式为

$$\text{DRAI} = \text{VE}^{w_e} \text{VH}^{w_h} \text{VS}^{w_s} \tag{6-3}$$

式中，DRAI 为干旱灾害风险评估指数，其值越大风险越高；VE、VH 和 VS 分别为危险性、暴露度和脆弱性因子指数；w_e、w_h 和 w_s 为各因子所占权重。大量研究表明，单一的权重计算方法不能够很好地解决各个因子之间的模糊性与矛盾性等问题，会导致评估结果与实际情况有较大的偏差[59]。本书采用熵权法与层次分析

法相结合的赋权方法形成组合权重对干旱灾害危险性、暴露度及脆弱性因子赋权，可以避免各指标之间的差异性，使得评估结果进一步贴近真实情况[60]。VE、VH 和 VS 的计算公式如下：

$$VE = V_c^{w_c} V_1^{w_1} V_q^{w_q} \tag{6-4}$$

式中，V_c、V_1、V_q 分别为干旱持续时间、烈度和强度归一化值；w_c、w_1、w_q 分别为各指标占危险性因子的权重。

$$VH = V_r^{w_r} V_j^{w_j} V_n^{w_n} \tag{6-5}$$

式中，V_r、V_j、V_n 分别为人口、GDP 和耕地面积归一化值；w_r、w_j、w_n 分别为各指标占暴露度因子的权重。

$$VS = (1-V_t)^{w_t} (1-V_z)^{w_z} (1-V_b)^{w_b} (1-V_d)^{w_d} (1-V_k)^{w_k} \tag{6-6}$$

式中，V_t、V_z、V_b、V_d、V_k 分别为脆弱性指标的归一化值；w_t、w_z、w_b、w_d、w_k 分别为各指标占脆弱性因子的权重。

6.1.4　风险等级划分

为划分中巴经济走廊地区干旱灾害风险评估体系中各指标等级，采用标准差分级法对干旱灾害危险性、承灾体暴露度及脆弱性和干旱灾害风险指数进行分级，对应分级标准见表 6-3。

表 6-3　干旱灾害件风险评估分级标准

风险	等级	标准
高	1	指标值≥平均值+1 σ
较高	2	平均值+0.5 σ ≤指标值<平均值+1 σ
中	3	平均值−0.5 σ ≤指标值<平均值+0.5 σ
较低	4	平均值−1 σ ≤指标值<平均值−0.5 σ
低	5	指标值<平均值−1 σ

注：指标值为干旱灾害风险评估结果各指标值，平均值为研究区非 0 风险指标值均值，σ 为研究区非 0 风险指标值标准差。

6.2　干旱灾害时空变化

中巴经济走廊的大部分地区受副热带高压和寒冷干燥的冬季风控制，导致巴基斯坦南部常年高温、降水稀少、干旱严重。尽管巴基斯坦南部地区毗邻阿拉伯海，但并未像印度半岛那样深入海洋内部，季风的效应比印度要小，最重要的是巴基斯坦的西南部是高大的伊朗高原和阿拉伯半岛，半岛多山地高原，因此，西南季风在伊朗高原和阿拉伯半岛的阻挡下，水汽难以到达巴基斯坦，夏季降水很少，加之冬季盛行离岸风，冬季降水更少。由于纬度低，终年气温高，形成偏干旱的热带气候，巴基斯坦的一些地区（如俾路支省）全年都处于干旱状态。观测数据表明，在过去 20 年中，季风降雨从原来 7 月持续至 9 月，到现在只持续至 8 月。这种降水模式的变化一方面加剧了洪水，另一方面加剧了干旱。本书采用 6 个月时间尺度的 SPEI，计算了中巴经济走廊 1961～2015 年干旱面积的变化（图 6-3），1961～2015 年，中巴经济走廊地区的巴基斯坦发生了多次（1969 年、1971 年、1977 年、2000 年、2001 年、2002 年）大面积干旱事件，这与相关文献记载基本一致[61]。

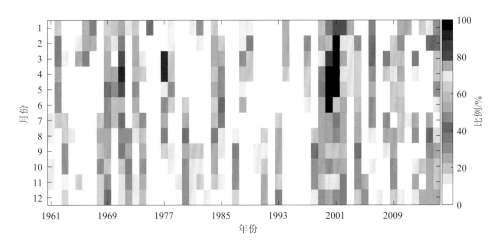

图 6-3　中巴经济走廊 1961～2015 年干旱面积变化

　　采用 1～24 个月时间尺度的 SPEI 绘制了中巴经济走廊的干湿变化，由此也可以看出，1961～2015 年中巴经济走廊干旱发生较为频繁，其中 2000 年左右经历了一场持续时间较长的严重干旱（图 6-4）。实际上，自 19 世纪以来，持续的干旱一直影响着印度河流域，由于数千人和数以百万计的牲畜迁移，巴基斯坦南部的塔尔沙漠已被遗弃。预计到 2025 年，巴基斯坦面临绝对缺水的局面。巴基斯坦经济调查报告显示，该国经济增长停滞是由许多因素造成的，干旱是一个主要因素[62]。

　　据巴基斯坦国家灾害管理局（NDMA）年鉴记载，2004～2005 年，信德省和俾路支省部分地区发生了轻微干旱。2009～2010 年的干旱严重影响了开伯尔-普

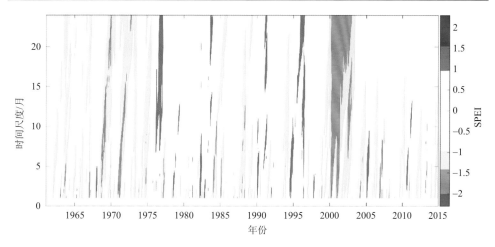

图 6-4　中巴经济走廊 1961～2015 年不同时间尺度（1～24 个月）干旱指数

赫图赫瓦省和旁遮普省，严重影响了巴基斯坦的作物生产。自 2013 年以来，信德省的纳拉、罗赫里（Rohri）和塔尔、科希斯坦和卡兰沙漠地区发生了严重干旱灾害。根据联合国 2014 年初的一项评估，塔尔有 67 名成年人和 99 名儿童死于慢性营养不良和其他与干旱有关的水传播疾病。2014 年、2015 年和 2016 年，五岁以下儿童的死亡人数分别为 326 人、398 人和 476 人。2016 年塔尔地区面临着 100%的缺水，因为该地区连续第 4 年面临干旱[63]。

由表 6-4 可知，1961～2015 年中巴经济走廊共识别得到 237 次干旱事件，其中历时为 1 个月的干旱事件数量最多，相对而言，历时越短的干旱事件数量也越多。干旱历时大于等于 10 个月的干旱事件有 11 次，最长历时干旱事件发生的时间为 1998 年 12 月至 2002 年 9 月，共持续 45 个月，由于每月 SPEI-3 空间聚类斑块数量多，分散性强，结合三维干旱识别中时间连续性原理，这种长历时的干旱事件有可能发生，但并不意味着某一区域 45 个月一直处于干旱状态。由于干旱事件在空间上会随着时间迁移、分裂和重组，因此 45 个月指的是整个干旱事件的连续性而不是某一区域干旱状态的连续性。

表 6-4　基于 SPEI-3 识别干旱事件数量统计表

历时/月	≥10	9	8	7	6	5	4	3	2	1	总计
干旱事件数量	11	3	4	7	9	13	13	29	48	100	237

基于 SPEI-3 所识别的干旱事件在四季均有发生，其中干旱历时最长的事件发生于 2000 年左右；平均强度最强的干旱事件发生于 1971 年；而影响范围最大的

干旱事件则发生于 20 世纪 80 年代初。Adnan 等[64]基于全球降水气候中心（GPCC）的降水数据识别出的干旱事件与此基本一致。实际上，从干旱灾害损失方面来看，在 1998～2002 年，巴基斯坦经历了近 50 年最严重的旱灾，俾路支省和信德省受影响最严重，俾路支省 26 个地区遭受严重饥荒。从此次干旱灾害事件的时空演变过程可以看出：早在 1998 年 5 月，巴基斯坦的信德省就出现了轻度干旱，6～12 月干旱影响范围逐渐扩展至巴基斯坦俾路支省、开伯尔-普赫图赫瓦省及中国喀什地区。尽管旱情在 1999 年春、秋季有所减轻，但进入 12 月，信德省、俾路支省及旁遮普省的旱情加重。进入 2000 年上半年，整个中巴经济走廊达到重旱或特旱标准。虽然 2001 年夏季旱情有所缓解，但自 10 月份开始，巴基斯坦大部分地区再次出现重旱，并一直持续到 2002 年（图 6-5）。

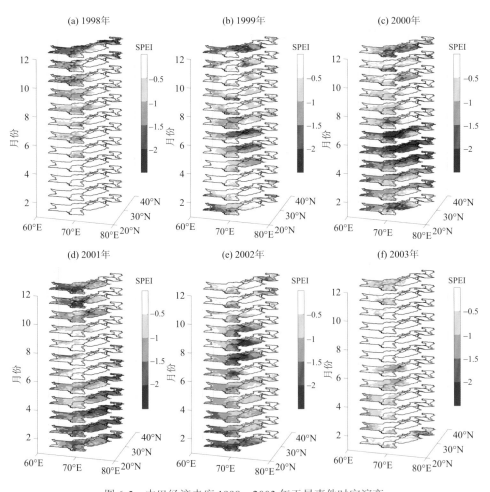

图 6-5　中巴经济走廊 1998～2003 年干旱事件时空演变

　　统计资料显示：在信德省，塔帕卡（Tharparkar）是受影响最严重的地区（图 6-6）。数十万房屋受损，数千英亩农作物被毁，牲畜死亡。据统计，这场旱灾总共影响了约 330 万人，其中数百人死于口渴和饥饿，数千人无家可归，约有 3000 万头牲畜受到影响[65]。旱灾迫使一些农民放弃土地，甚至出售赖以生存的家畜或种子维持生计，人们的饮食模式也从一日两餐改为一日一餐。

图 6-6　巴基斯坦信德省塔帕卡地区干旱状况

　　由中巴经济走廊 1961～2015 年典型干旱灾害损失空间分布图（图 6-7）可以看出，近 55 年的旱灾损失主要分布在信德省。俾路支省尽管干旱频发，但无干旱致死人数记录[66]。尽管巴基斯坦政府为干旱灾害的防御开展了大量工作，如巴基斯坦气象局在 2004 年专门成立了国家干旱监测中心（NDMC），同时巴基斯坦政府在干旱的防灾减灾方面也启动了一大批项目和方案，但巴基斯坦政府迄今为止使用的应对策略是不可持续的，一方面因为这些项目的性质，另一方面因为政府效率低下。如信德省东部靠近印度的塔帕卡是巴基斯坦最容易发生干旱的地区之一，由于抵御干旱风险的战略执行不力，该地区一次又一次遭受旱灾。

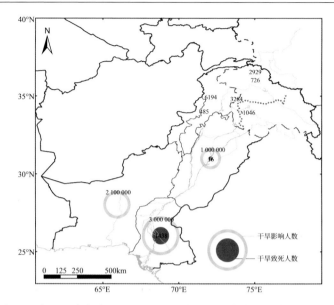

图 6-7　中巴经济走廊 1961～2015 年典型干旱灾害损失空间分布特征

6.3　干旱灾害风险评估

6.3.1　干旱灾害危险性

　　从中巴经济走廊干旱持续时间、烈度及强度的空间分布来看，1961～2015 年，干旱持续时间较长、烈度较高的区域主要位于俾路支省荒漠地区和信德省，而干旱强度较高区域位于巴基斯坦中部地区。Adnan 等[67,68]对巴基斯坦信德省干旱状况的研究结果表明，信德省干旱频率高，干旱状况严重，由于信德省高度依赖季风降水，季风降水的不足会导致干旱的发生，且在季风季节，北部降水比南部少，北部比南部更容易遭受干旱，因此信德省北部干旱频率高于南部。从危险性评估结果可以看出，历史时期中巴经济走廊各危险性指标大体呈现由中间向两侧逐渐减小的分布趋势，其中巴基斯坦旁遮普省北部、俾路支省东部及伊斯兰堡和开伯尔-普赫图赫瓦省一带危险性指数最大（图 6-8）。

6.3.2　干旱灾害暴露度

　　干旱灾害影响的大小不仅与致灾因子的危险性有关，还与承灾体的暴露度和脆弱性有关。干旱暴露度是指暴露在干旱影响范围内的人口、耕地、GDP 等承灾体的数量，其中 GDP 是区域发展水平的重要标志，也是衡量社会经济发展的直观

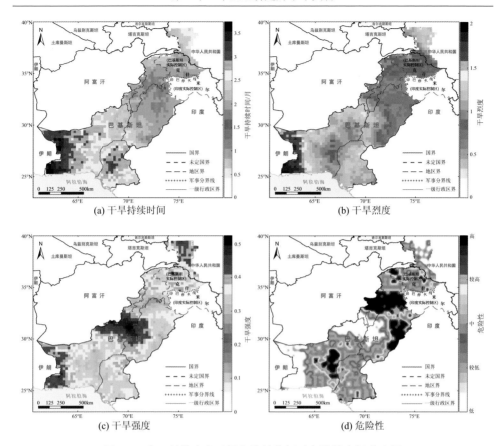

图 6-8　中巴经济走廊干旱危险性指标及危险性空间分布图

指标[69]。同等强度的干旱，发生在人口密集、农业或经济发达的地区造成的损失往往要比发生在人口稀少、经济相对落后的地区大得多，也即暴露于干旱影响范围的人口、耕地等数量和价值量越多，灾害风险就越大。本小节采用与干旱密切相关的人口密度、耕地面积占比、GDP 数据计算了中巴经济走廊的干旱暴露度。从人口密度图[图 6-9（a）]可看出，中巴经济走廊地区人口主要集中在伊斯兰堡首都区、开伯尔-普赫图赫瓦省中部、旁遮普省北部和信德省西南部等地区。耕地面积占比高的地区主要集中在旁遮普省、信德省[图 6-9（b）]。GDP 高值区域主要集中在经济较好的旁遮普省[图 6-9（c）]。从承灾体的暴露度空间分布[图 6-9（d）]可以看出，联邦首都区、旁遮普省、信德省部分地区均属于高（较高）暴露水平地区，约占研究区总面积的三分之一，而干旱少雨、人口密度较低的俾路支省和中国喀什大部分区域则属于较低暴露度地区。

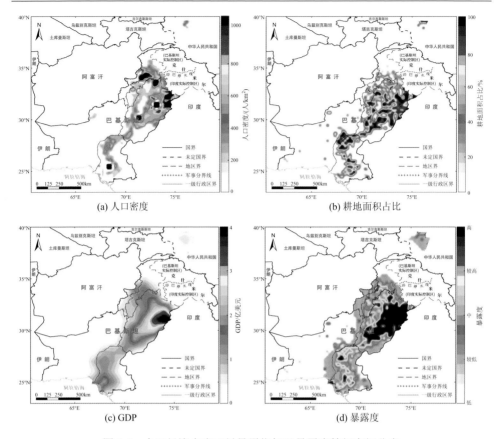

图 6-9　中巴经济走廊干旱暴露指标及暴露度等级空间分布

6.3.3　干旱灾害脆弱性

　　干旱脆弱性是自然环境、社会环境和经济条件等组成的综合系统对干旱的敏感程度,以及由于缺乏抵御旱灾的能力而使该综合系统易遭受损失的一种性质。根据现有数据,通过一定的方法和手段,评判出一个地区的干旱脆弱性,再对脆弱度高值区采取一定的防护措施,就可有效预防旱灾,甚至有可能避免旱灾的发生。因此,研究干旱脆弱性对旱灾预防、旱灾风险管理和生态系统保护及社会经济可持续发展具有重要的理论和实际意义[70]。干旱脆弱性的影响因素众多,不同区域干旱脆弱性对指标的选取也不尽相同,但归纳起来可以分为敏感性和恢复性两大类。敏感性指标包括代表自然条件的降水、气温、植被状况、农田灌溉用水量等。降水量越大,水分补给越充足,干旱越不容易发生。相反,气温越高,强烈的蒸发作用使水分快速流失,越容易导致干旱。下垫面植被状况越好,干旱越不容易发生。恢复性指标包括反映区域经济情况的财政收入、人均 GDP 及河道供水能力等。财政收入、人均 GDP 越高，说明经济情况越好，社会的发展水平和发展程度越高，干旱发生之后社会经济方面的应对能力越强。根据性质可以将指标分为正向指标和负向指标。正向指标与干旱脆弱性呈正相关关系，指标值越大脆弱性越大。负向指标与干旱脆弱性呈负相关关系，指标值越大脆弱性越小[48,71,72]。鉴于干旱是一类长期、缓慢演进的气候事件，并不直接威胁人的生命安全。因此，本书在干旱的脆弱性指标中并未考虑距离医院距离、道路密度、应急设施密度等通常的防灾减灾指标，而是根据中巴经济走廊实际情况及相关数据的可获得性，选取河流宽度、植被覆盖情况（NDVI）和年降水量三个指标。

从图 6-10（a）可看出，中巴经济走廊水系主要分布在印度河流域，宽度主要介于 0~4 km；植被覆盖较高的地区主要分布在伊斯兰堡首都区、旁遮普省东北部和信德省的印度河沿岸[图 6-10（b）]；年降水量较大的地区主要分布在北纬 35° 附近的伊斯兰堡首都区和自由克什米尔等地区[图 6-10（c）]。从干旱的脆弱性空间分布[图 6-10（d）]可以看出，脆弱性高（较高）的地区主要分布在俾路支省和信德省部分地区。干旱脆弱性评估结果与 Adnan 和 Ullah[67]基于全球降水气候中心（GPCC）的降水数据和美国气候预测中心（CPC）的土壤湿度数据的评估结果基本一致。Khan 等[66]也指出俾路支省和信德省的大部分地区归类为严重易受干旱影响区域。

6.3.4　干旱灾害风险评估与区划

从中巴经济走廊干旱风险等级空间分布图（图 6-11）可以看出：巴基斯坦的旁遮普省和信德省干旱灾害风险最高，面积占比约 18%；俾路支省、北部山区及中国喀什地区则属于较低或低风险地区。总体来看，中巴经济走廊地区干旱风险等级空间分布与暴露度等级空间分布较为相似。实际上，大量研究指出海表面温度和 ENSO 指数是巴基斯坦季节性干旱的最主要影响因素，在 6~9 月的夏季，如果阿拉伯海或孟加拉湾上空形成的季风低压无法到达巴基斯坦，则该国北部地区，包括旁遮普省则很容易出现干旱[73,74]。Khan 等基于支持向量机（SVM）、人工神经网络（ANN）和 K 最邻近法（KNN）的干旱预测研究发现，在 Rabi 季节，SPEI 与地中海和里海北部地区的相对湿度呈正相关；在 Kharif 季节，SPEI 与孟加拉湾东南部及地中海和里海以北地区的相对湿度呈正相关。在巴基斯坦干旱研究中，应考虑地中海、里海北部地区、印度洋和阿拉伯海地区的相对湿度、温度和风速[75]。因此，在未来中巴经济走廊干旱灾害及其风险评估中，应加强水汽输送、辐合辐散和垂直风速的异常演变特征研究，遴选更具有指示意义的干旱风险评估指标。

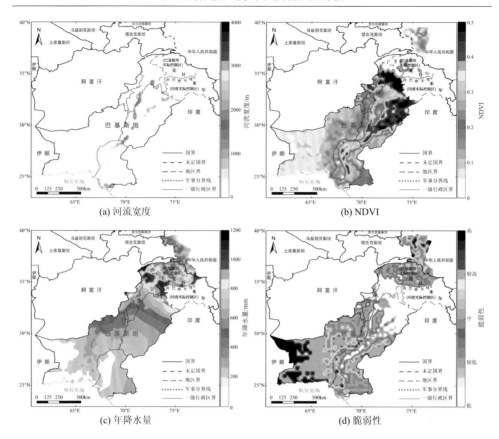

(a) 河流宽度

(b) NDVI

(c) 年降水量

(d) 脆弱性

图 6-10 中巴经济走廊干旱脆弱性评估指标及脆弱性空间分布

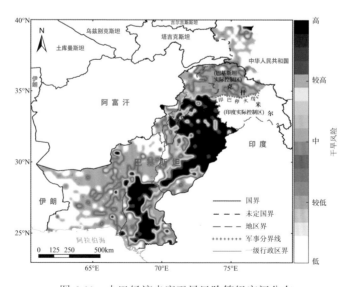

图 6-11 中巴经济走廊干旱风险等级空间分布

根据图 6-11 中的中巴经济走廊干旱风险空间分布,进一步按行政区划统计该地区的干旱灾害风险不同风险等级的面积占比。由图 6-12 可知,面积占比最大的高风险地区在旁遮普省,约占该省面积的 57%;其次是信德省,约 30%。北部地区因降水较多、人口稀疏、耕地较少,99%区域为低风险、较低风险地区;中国境内的喀什地区 80%以上区域为低风险、较低风险地区;总体来看,整个中巴经济走廊干旱灾害高风险区域占比约 20%,中风险区域占比约 22%。

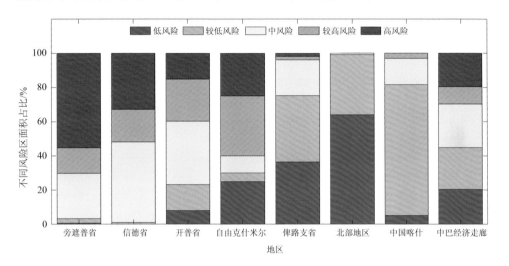

图 6-12　中巴经济走廊及各行政单元干旱灾害不同风险区面积占比

本章基于 1961~2015 年中巴经济走廊逐月干旱指数 SPEI,采用考虑强度、持续时间和影响面积的三维辨识方法对历史干旱事件进行识别。识别出的干旱事件发生时间与相关文献记载基本一致。干旱事件时空演变特征表明,中巴经济走廊干旱事件主要发生在巴基斯坦的信德省和俾路支省,在 1998~2002 年,巴基斯坦经历了近 50 年最严重的旱灾,约 330 万人受到影响。本章选取人口、GDP、耕地面积、年降水量、归一化植被指数(NDVI)和河流宽度等指标构建干旱灾害风险评估指标体系对中巴经济走廊干旱灾害进行风险评估,结果表明:巴基斯坦的旁遮普省和信德省属于干旱灾害高风险区域。实际上,巴基斯坦发生干旱的频率相对较低(约 10 年一次),但如今即便是在灌溉农业发达的地区,也经常遭遇干旱灾害侵袭。未来随着季风降水的变化及气温的持续上升,干旱强度将持续增加,干旱灾害风险等级将进一步加剧,影响范围也将不断扩大[76,77]。从长远来看,巴基斯坦各级政府应拿出可持续的解决方案来应对干旱灾害。为确保粮食安全,有必要为农业生产培育抗旱种子,采用节水灌溉技术,兴建储水基础设施及先进的水资源管理系统，提升区域抗旱减灾能力。

参 考 文 献

[1]　Sternberg T. Regional drought has a global impact[J]. Nature, 2011, 472: 169.

[2]　Trenberth K, Dai A, van der Schrier G, et al. Global warming and changes in drought[J]. Nature Climate Change, 2014, 4: 17-22.

[3]　姚玉璧, 张强, 李耀辉, 等. 干旱灾害风险评估技术及其科学问题与展望[J]. 资源科学, 2013, 35(9): 1884-1897.

[4]　Xie W, Xiong W, Pan J, et al. Decreases in global beer supply due to extreme drought and heat[J]. Nature Plants, 2018, 4: 964-973.

[5]　Dai A G. Drought under global warming: A review[J]. Wiley Interdisciplinary Reviews: Climate Change, 2011, 2: 46-65.

[6]　World Bank. Assessing Drought Hazard and Risk: Principles and Implementation Guidance[M]. Washington DC: World Bank, 2019.

[7]　Cooley S, Schoeman D, Bopp L, et al. Ocean and Coastal Ecosystems and their Services[M]// Pörtner H-O, Roberts D C, Tignor M, et al. Climate Change 2022: Impacts, Adaptation, and Vulnerability. Contribution of Working Group II to the Sixth Assessment Report of the Intergovernmental Panel on Climate Change. Cambridge: Cambridge University Press, 2022.

[8]　FAO. The Impact of Disasters and Crises on Agriculture and Food Security: 2021[R]. Rome: Food and Agriculture Organization, 2021.

[9]　WMO. Report on Drought and Countries Affected by Drought During 1974–1985[M]. Geneva, Switzerland: WMO, 1986.

[10]　Le Houerou H N, Popo G, See L. Agrobioclimatic Classification of Africa[M]. Rome: Food and Agriculture Organization, 1993: 228.

[11]　张强, 姚玉璧, 李耀辉, 等. 中国干旱事件成因和变化规律的研究进展与展望[J]. 气象学报, 2020, 78(3): 500-521.

[12]　粟晓玲, 张更喜, 冯凯. 干旱指数研究进展与展望[J]. 水利与建筑工程学报, 2019, 17(5): 9-18.

[13]　李柏贞, 周广胜. 干旱指标研究进展[J]. 生态学报, 2014, 34(5): 1043-1052.

[14]　李原园, 梅锦山, 郦建强, 等. 干旱灾害风险评估与调控[M]. 北京: 中国水利水电出版社, 2017.

[15]　张强, 姚玉璧, 李耀辉, 等. 中国西北地区干旱气象灾害监测预警与减灾技术研究进展及其展望[J]. 地球科学进展, 2015, 30(2): 196-213.

[16]　United Nations Office for Disaster Risk Reduction. Global Assessment Report on Disaster Risk Reduction: Revealing Risk, Redefining Development[R]. UK: United Nations Publication, 2011.

[17]　杨庆, 李明星, 郑子彦, 等. 7 种气象干旱指数的中国区域适应性[J]. 中国科学: 地球科学,

2017, 47(3): 337-353.

[18] Svoboda M, Fuchs B A. Handbook of Drought Indicators and Indices[M]// Integrated Drought Management Programme (IDMP), Integrated Drought Management Tools and Guidelines Series 2, Geneva Switzerland: World Meteorological Organization (WMO), Global Water Partnership (GWP), 2016.

[19] Palmer W C. Meteorological Drought Research Paper No. 45[R]. Washington DC: US Department of Commerce Weather Bureau, 1965: 59.

[20] van der Schrier G, Barichivich J, Briffa K R, et al. A scPDSI-based global data set of dry and wet spells for 1901–2009[J]. Journal of Geophysical Research: Atmospheres, 2013, 118: 4025-4048.

[21] Dai A G. Characteristics and trends in various forms of the Palmer Drought Severity Index during 1900–2008[J]. Journal of Geophysical Research, 2011, 116: D12115.

[22] McKee T B, Doesken N J, leist J. The relationship of drought frequency and duration to time scales[C]. Anaheim: Preprints 8th Conference on Applied Climatology, 1993, 17: 179-184.

[23] Vicente-Serrano S M, Beguería S, López-Moreno J I, et al. A multiscalar drought index sensitive to global warming: The standardized precipitation evapotranspiration index[J]. Journal of Climate, 2010, 23(7): 1696-1718.

[24] Adnan S, Ullah K, Shuanglin L, et al. Comparison of various drought indices to monitor drought status in Pakistan[J]. Climate Dynamics, 2018, 51: 1885-1899.

[25] Christian J I, Basara J B, Hunt E D, et al. Global distribution, trends, and drivers of flash drought occurrence[J]. Nature Communications, 2021, 12: 6330.

[26] Chiang F, Mazdiyasni O, AghaKouchak A. Evidence of anthropogenic impacts on global drought frequency, duration, and intensity[J]. Nature Communications, 2021, 12: 2754.

[27] Dai A G. Increasing drought under global warming in observations and models[J]. Nature Climate Change, 2013, 3: 52-58.

[28] Sheffield J, Wood E, Roderick M. 2012. Little change in global drought over the past 60 years[J]. Nature, 491: 435-438.

[29] Huang J, Yu H, Guan X, et al. Accelerated dryland expansion under climate change[J]. Nature Climate Change, 2016, 6: 166-171.

[30] Lian X, Piao S, Chen A, et al. Multifaceted characteristics of dryland aridity changes in a warming world[J]. Nature Review Earth & Environment, 2021, 2: 232-250.

[31] 江笑薇, 白建军, 刘宪峰. 基于多源信息的综合干旱监测研究进展与展望[J]. 地球科学进展, 2019, 34(3): 275-287.

[32] Hao Z C, Yuan X, Xia Y L, et al. An overview of Drought Monitoring and Prediction Systems at regional and global scales[J]. Bulletin of the American Meteorological Society, 2017, 98(9): 1879-1896.

[33] 李芬, 于文金, 张建新, 等. 干旱灾害评估研究进展[J]. 地理科学进展, 2011, 30(7): 891-898.

[34] 陆桂华, 吴志勇, 何海. 大范围干旱动态监测与预测[M]. 北京: 科学出版社, 2021.

[35] 尹家波, 郭生练, 杨妍, 等. 基于陆地水储量异常预估中国干旱及其社会经济暴露度[J]. 中国科学: 地球科学, 2022: 52(10): 2061-2076.

[36] 袁喆, 杨志勇, 于赢东, 等. 变化环境下干旱灾害风险评价与综合应对[M]. 北京: 中国水利水电出版社, 2017.

[37] Büntgen U, Urban O, Krusic P J, et al. Recent European drought extremes beyond Common Era background variability[J]. Nature Geosciences, 2021, 14: 190-196.

[38] Kim H, Park J Y, Yoo J, et al. Assessment of drought hazard, vulnerability and risk: A case study administrative districts in South Korea[J]. Journal of Hydro-environment Research, 2015, 9(1): 28-35.

[39] 王安乾, 陶辉, 方泽华. 升温 1.5℃和 2.0℃情景下中亚地区干旱耕地暴露度研究[J]. 气候变化研究进展, 2022, 6: 695-706.

[40] Tsakiris G. Drought risk assessment and management[J]. Water Resources Management, 2017, 31: 3083-3095.

[41] 朱妮娜. 基于 GLDAS 数据的塔里木河流域干旱风险综合评估[M]. 北京: 中国财政经济出版社, 2021.

[42] Lange B, Holman I, Bloomfield J P. A framework for a joint hydro-meteorological-social analysis of drought[J]. Science of the Total Environment, 2017, 578: 297-306.

[43] Maskreya A. Disaster Mitigation: A Community Based Approach[M]. Oxford: Oxfam GB, 1989.

[44] United Nations Department of Humanitarian Affairs. Mitigating Natural Disasters: Phenomena, Effects and Options: A Manual for Policy Makers and Planners[M]. New York: United Nations, 1991: 1-164.

[45] 张继权, 李宁. 主要气象灾害风险评价与管理的数量化方法及其应用[M]. 北京: 北京师范大学出版社, 2007.

[46] 张斌, 赵前胜, 姜瑜君. 区域承灾体脆弱性指标体系与精细量化模型研究[J]. 灾害学, 2010, 25(2): 36-40.

[47] 何娇楠, 李运刚, 李雪, 等. 云南省干旱灾害风险评估[J]. 自然灾害学报, 2016, 25(5): 37-45.

[48] 王莺, 赵文, 张强. 中国北方地区农业干旱脆弱性评价[J]. 中国沙漠, 2019, 39(4): 149-158.

[49] 赵佳琪, 张强, 朱秀迪, 等. 中国旱灾风险定量评估研究: 评估框架与影响因素[J]. 生态学报, 2021, 41(3): 1021-1031.

[50] 朱淑珍, 黄法融, 李兰海. 巴基斯坦干旱特征及其风险评估[J]. 干旱区地理, 2021, 44: 1058-1069.

[51] Beguería S, Vicente-Serrano S M, Reig F, et al. Standardized precipitation evapotranspiration index (SPEI) revisited: Parameter fitting, evapotranspiration models, tools, datasets and drought monitoring[J]. International Journal of Climatology, 2014, 34(10): 3001-3023.

[52] Linke S, Lehner B, Dallaire C O, et al. Global hydro-environmental sub-basin and river reach characteristics at high spatial resolution[J]. Scientific Data, 2019, 6: 283.

[53] Kummu M, Taka M, Guillaume J. Gridded global datasets for gross domestic product and human development index over 1990-2015[J]. Scientific Data, 2018, 5: 180004.

[54] 邓翠玲, 佘敦先, 张利平, 等. 基于图像三维连通性识别方法的长江流域干旱事件特征[J]. 农业工程学报, 2021, 37(11): 131-139.

[55] Xu Y, Zhang X, Hao Z C, et al. Projections of future meteorological droughts in China under CMIP6 from a three-dimensional perspective[J]. Agricultural Water Management, 2021, 252: 106849.

[56] Wang A H, Lettenmaier D P, Sheffield J. Soil moisture drought in China, 1950-2006[J]. Journal of Climate, 2011, 4(13): 3257-3271.

[57] 金菊良, 郦建强, 周玉良, 等. 旱灾风险评估的初步理论框架[J]. 灾害学, 2014, 29(3): 1-10.

[58] Field C B, Barros V, Stocker T F, et al. Managing the Risks of Extreme Events and Disasters to Advance Climate Change Adaptation[M]//IPCC. A Special Report of Working Groups I and II of the Intergovernmental Panel on Climate Change. Cambridge: Cambridge University Press, 2012: 582.

[59] Pathan A I, Agnihotri P G, Said S, et al. AHP and TOPSIS based flood risk assessment- A case study of the Navsari City, Gujarat, India[J]. Environmental Monitoring Assessment, 2022, 194: 509.

[60] 刘媛媛, 王绍强, 王小博, 等. 基于AHP-熵权法的孟印缅地区洪水灾害风险评估[J]. 地理研究, 2020, 39(8): 1892-1906.

[61] Khan H, Khan A. Natural hazards and disaster management in Pakistan[J]. Munich Personal RePEc Archive, 2018: 11052.

[62] Lee J E, Azam M, Rehman S U, et al. Spatio-temporal variability of drought characteristics across Pakistan[J]. Paddy and Water Environment, 2022, 20: 117-135.

[63] Ahmad S, Hussain Z, Sarwar A, et al. Drought Mitigation in Pakistan: Current Status and Options for Future Strategies (Working Paper 85)[R]. Colombo, Sri Lanka: International Water Management Institute, 2020.

[64] Adnan S, Ullah K, Gao S T. Investigations into precipitation and drought climatologies in South Central Asia with special focus on Pakistan over the period 1951–2010[J]. Journal of Climate, 2016, 29: 6019-6035.

[65] Durrani Z K. Lessons for Pakistan from Drought in the Past[R/OL]. CSCR, 2018. https://cscr.pk/explore/themes/energy-environment/lessons-pakistan-droughts-past.

[66] Khan A N, Khan S N. Drought Risk and Reduction Approaches in Pakistan[M]. Tokyo: Springer, 2015.

[67] Adnan S, Ullah K. Development of drought hazard index for vulnerability assessment in Pakistan[J]. Nature Hazards, 2020, 103: 2989-3010.

[68] Adnan S, Ullah K, Gao S. Characterization of drought and its assessment over Sindh, Pakistan during 1951-2010[J]. Journal of Meteorological Research, 2015, 29: 837-857.

[69] Sun F, Wang T, Wang H. Mapping Global GDP Exposure to Drought[M]//Atlas of Global Change Risk of Population and Economic Systems. IHDP/Future Earth-Integrated Risk Governance Project Series. Singapore: Springer, 2022.

[70] 李蕊. 陕西省干旱脆弱性评价[D]. 咸阳: 西北农林科技大学, 2015.

[71] Eklund L, Theisen O M, Baumann M, et al. Societal drought vulnerability and the Syrian climate-conflict nexus are better explained by agriculture than meteorology[J]. Communications Earth & Environment, 2022, 3: 85.

[72] Xu C, McDowell N G, Fisher R A, et al. Increasing impacts of extreme droughts on vegetation productivity under climate change[J]. Nature Climate Change, 2019, 9: 948-953.

[73] Center for Excellence in Disaster Management and Humanitarian Assistance. Pakistan: Disaster Management Reference Handbook[M]. United States of America: CFE-DMHA, 2021.

[74] Ullah I. Observed and Projected Changes in Drought Risks over South Asia under Global Warming Scenarios[D]. 南京: 南京信息工程大学, 2022.

[75] Khan N, Sachindra D A, Shahid S, et al. Prediction of droughts over Pakistan using machine learning algorithms[J]. Advances in Water Resources, 2020, 139: 103562.

[76] Balting D F, AghaKouchak A, Lohmann G, et al. Northern Hemisphere drought risk in a warming climate[J]. NPJ Climate Atmospheric Science, 2021, 4: 61.

[77] Athar H, Nabeel A, Nadeem I. et al. Projected changes in the climate of Pakistan using IPCC AR5-based climate models[J]. Theoretical Applied Climatology, 2021, 145: 567-584.

第 7 章　中巴经济走廊洪水灾害

洪水灾害是人类面临的损失最严重的自然灾害之一[1-4]。全球变化背景下，洪水灾害的急剧增加及其造成的破坏已引起国际社会及气象、水文和灾害风险等领域学者的广泛关注[5-7]。瑞士再保险公司下属机构瑞再研究院（Swiss Re Institute）发布的《2021 年自然灾害：关注洪灾风险》报告显示，2021 年洪灾引致的经济损失占全球自然灾害相关经济损失的 31%，全球洪灾造成的经济损失高达 820 亿美元[8]。Tellman 等[9]基于卫星影像的研究发现，自 21 世纪初以来，暴露在洪水威胁中的全球人口比例增长了 24%，这比此前的预估至少高出 10 倍，增长趋势被严重低估与全球变暖和人口增长有很大关系，2030 年受洪水灾害的国家、地区和人口将有可能进一步增加。最新发布的 IPCC 第六次评估报告（AR6）指出全球变暖将导致更加频繁的洪水、干旱、高温[10]。实际上，大量研究表明：气候的持续变化，带来了难以控制的极端洪水事件，全球越来越多的人口将暴露在这些事件中[11-15]。Alfieri 等[16]则指出在 2℃和 1.5℃增暖情景下，全球受洪水影响人口将分别增加 170%和 100%，而造成的财产损失将分别增加 170%和 120%，其中，亚洲、美国和欧洲受到的影响最大。Kreibich 等[17]基于相同区域发生的全球洪水和干旱事件数据集的研究发现：整体上风险管理可降低洪涝灾害的影响，但若相关灾害事件的量级先前从未经历过，则降低影响的难度相当大。如果二次事件比第一次事件更具灾难性，其后果几乎都会更严重。鉴于当今气候变化引发的极端天气事件愈发频繁，该结果给全球风险管理敲响了警钟。

目前，针对洪水灾害的研究主要集中在洪水灾害的成因、监测、模拟、预警、预估及风险评估等方面[18-22]。除冰雪融水、冰川湖溃决、风暴潮等形成的洪水灾害之外，绝大部分洪水灾害由暴雨所致。据统计，目前全球由自然灾害导致的各种损失中，暴雨洪涝灾害所占比重约为 40%[23]。随着全球变暖和城市化进程的不断推进，暴雨洪水及其灾害风险评估逐渐成为国内外研究的热点[24-27]。洪水灾害风险评估是洪水灾害风险管理及决策的重要科学依据[28]。美国联邦应急管理局（FEMA）与国家建筑科学研究院（NIBS）于 1992 年合作开发了基于 GIS 平台的多灾种风险评估系统 HAZUS-MH，该系统主要针对地震、洪水和飓风灾害开展灾害风险评估、损失评估，从国家、地方和专家 3 个层面开展相关评估工作，也可用于灾害发生后的即时评估，即快速评估，也评估灾害对建筑、基础设施等造成的破坏产生直接和间接的经济和社会影响，确定需要应急的地区，分配救济资源，还可对次生灾害进行判断。目前该系统已被多个地区在有关极端降水的风险评估中广泛采用[29]。荷兰在 2008 年启动了"韧性城市"项目建设，它基于极端降水引起的城市暴雨洪涝灾害损失和社会影响，对城市在此类灾害的敏感性和脆弱性方面进行风险评估[30]。总体来看，洪水灾害风险评估还没有一套公认的评估范式和方法体系。

目前，洪水灾害风险评估的方法主要有三种：一是基于历史数据的洪水灾害风险评估，即根据相应的历史数据，利用数理统计等找到洪灾发生规律，建立基于历史灾情的风险评估模型[31-33]。如李柏年[34]根据历史成灾面积数据等对淮河流域建立线性回归模型，得到了流域整体的洪灾风险情况。二是基于指标体系的洪水灾害风险评估[35-37]；如刘家福等[38]基于洪灾风险基本原理，从暴雨致灾因子危险性、孕灾环境稳定性、承灾体易损性出发，综合考虑降水、地形、土地利用、植被、河网密度、人口、经济等主要指标，利用层次分析法确定各相关指标影响因子权重，构建了亚洲区域洪灾综合风险评估模型。三是基于情景模拟的洪水灾害风险评估[39-41]。该方法需要对洪水信息和社会经济信息进行空间叠加分析，以研究区域暴雨洪水模拟和洪灾损失评估为基础，模型的建立需要比较精细的地理信息数据、水文资料与社会经济数据。如 Abdulrazzak 等[42]采用 HEC-RAS 2D 模型，对坐落于沙特阿拉伯麦地那市的泰巴伊斯兰大学校园进行了不同重现期下的洪水风险评估。值得一提的是，由于近几年地理信息系统（GIS）与 FloodArea、DHI-MIKE 等水动力模型快速发展，对于洪水灾害风险的研究也已由定性描述向定量评估转变[43-45]。如姬兴杰等[46]基于 FloodArea 模型开展了不同重现期情景下的暴雨山洪灾害淹没风险模拟，并结合精细化的暴雨日变化规律、承灾体信息等定量评估了洛河上游暴雨山洪灾害风险。总体来看，国内外洪水灾害风险评估的研究成果主要涉及洪水灾害风险识别，危险性、暴露度、脆弱性评估及洪水灾害损失评估等方面。

中巴经济走廊地区的巴基斯坦深受暴雨洪水灾害的困扰。中巴经济走廊大部分区域属印度洋季风气候区，每年 5～9 月为雨季，巴基斯坦是南亚五个国家中年平均遭受洪灾人数最多的国家之一，洪灾通常是由于 7～9 月季风期间源自孟加拉湾的风暴系统造成的[47]。来自孟加拉湾的风暴经过印度中下部，进入巴基斯坦，继续向北进入克什米尔[48]。巴基斯坦境内主要河流除印度河外都被印度在上游修建了大坝调水，平时径流量相当小，河床长时间干枯淤积，部分河道地区更被开垦耕作；巴基斯坦政府较为重视灌溉工程，对防洪工程经营不够，大多数河流并没有防洪堤坝[49]。由于印度洋夏季风影响，不同月份的径流量时空分配不均——

大气降水和冰川融水集中在夏季，印度河 84%的径流来源于季风月（7～9 月）的降水。两种水源补给在同一时期叠加，容易造成洪水的发生[50]。同时，除北部山区外，印度河支流经过的地区大多为平原，一旦洪水到来，流溢较快。暴雨洪水容易袭击旁遮普省和信德省，而山洪往往影响开伯尔-普赫图赫瓦省、俾路支省和联邦直辖部落地区的丘陵地区[51,52]。2022 年，在经历了 3～5 月的极端高温后，巴基斯坦受强季风和前期高温带来的冰川融化等因素影响，全国范围内迎来历史性大暴雨，引发了自 2010 年以来最严重的全国性洪灾。大量房屋、道路和桥梁被冲毁，造成严重的人员伤亡和经济损失[53]。但目前，有关该地区洪水灾害的研究主要集中在洪水时空变化、洪水灾害成因、融雪洪水模拟等方面[54-58]。李晓萌等[59]从致灾因子和孕灾环境两方面进行分析，综合考虑降水（累计降水量和最大降水量）、河流（河网密度）、地形（高程值和坡度值）、土地利用和植被（NDVI）5 种相关因子，以 1 km 格网数据为基础，运用 AHP 对巴基斯坦洪水灾害进行了危险性评估。结果表明：巴基斯坦洪水灾害危险性受降雨和地形的影响较大，其危险程度东南部大于西北部，并由东南部向西北部逐渐递减。

　　总体来看，目前国内外针对中巴经济走廊洪水灾害风险的评估较为缺乏。在全球气候变化与中巴经济走廊建设快速推进的背景下，洪水灾害损失风险的加剧将给中巴经济走廊建设和区域人民生命财产安全、基础设施等带来越来越大的威胁，对洪水灾害风险的评估迫在眉睫。本章基于洪水灾害风险评估系统理论，基于改进的博弈论组合赋权对中巴经济走廊地区洪水灾害进行风险评估，同时基于 FloodArea 模型进行洪水淹没模拟，进一步得到详细的洪水淹没结果。通过宏观的风险评估和洪水淹没模拟，二者相互佐证得到研究区洪灾风险评估结果，相关成果将为中巴经济走廊地区应对洪水灾害提供参考。

7.1　数据与方法

7.1.1　数据

　　本书基于多种数据源构建中巴经济走廊地区洪水灾害风险评估所需的数据集。数据信息如表 7-1 所示，其中降水数据采用 CMORPH-BLD 的逐小时数据产品，该产品是由美国国家环境预测中心（NCEP）下属的气候预测中心（CPC）开发的全球降水产品。该产品采用"运动矢量"方法，将各种微波反演降水资料充分融合，并能灵活地加入新增资料，有效发挥了地面观测和卫星反演降水各自的优势，在量值和空间分布上更合理；融合产品平均偏差和均方根误差均减小，随时间的变化幅度较小且区域性分布特征减弱[60]。逐日洪峰流量数据由巴基斯坦水电发展署（WAPDA）和叶尔羌河流域管理局提供；30 m 分辨率 DEM 数据下载自地理空间数据云（http://www.gscloud.cn），对原始 DEM 进行填洼处理、水流方向提取、洼地提取、洼地深度计算以及洼地填充等，得到无洼 DEM 及坡度数据。经验证，经过处理后的地形和高程数据能够很好地表征实际地形特征，并能够较好地适应后续指标权重的计算需求。

表 7-1　洪水灾害研究数据信息

数据名称	时间分辨率	空间分辨率	时段	数据来源
降水	逐小时	0.25°	1998～2015	https://climatedataguide.ucar.edu
NDVI	15 天	1/12°	2010	https://earthexplorer.usgs.gov
人口密度	年	1 km	2000、2005、2010、2015、2020	https://sedac.ciesin.columbia.edu
土地利用	年	30 m	2000、2010、2020	http://www.globallandcover.com
建筑物密度	年	0.61 m	2010	https://earth.esa.int
路网密度	实时	shp	1980～2010	https://sedac.ciesin.columbia.edu
洪峰流量	逐日	站点	1961～2015	WAPDA 和叶尔羌河流域管理局

本书中采用的土地利用数据来自 GlobeLand30，将原有的土地利用划分为 10 类，按照耕地>人造地表>森林>草地>灌木地>湿地>裸地>水体>苔原>冰川和永久积雪的影响程度排序，将下载的地表覆盖数据在 GIS 中进行波段融合、拼接裁剪等生成研究区内的地表覆盖图，并获取 2010 年耕地面积数据；从 Landsat 8 遥感卫星数据下载 NDVI 数据并进行处理，得到所需的 2010 年 NDVI 指标；人口密度数据采用哥伦比亚大学国际地球科学信息网络中心所提供的调整后的第 4 版世界网格人口数据集（GPWv4）的 2010 年人口密度数据；本书采用的路网密度数据来源于 NASA 社会经济数据和应用中心（SEDAC）制作发布的全球性公路数据集 gROADS。此外，从 Quickbird 正射影像提取了建筑物基底图，结合行政区划、路网等地理空间数据求得 2010 年的建筑物密度数据。

7.1.2　洪水淹没模型构建

1. FloodArea 模型

洪水淹没是洪水风险识别的基础。本小节采用德国 Geomer 公司开发的二维水动力模型 FloodArea 模型建立暴雨洪水淹没模型，形成可视化洪水淹没演进过程，得到相应的淹没水深、淹没面积等风险信息。FloodArea 模型内嵌于 ArcGIS 平台，可以依据数字高程模型（DEM）、糙率系数和产流系数等进行淹没水深和淹没面积的计算。在洪水的淹没模拟和洪灾风险评估当中有着广泛的应用[61]。FloodArea 一般应用于研究较小区域的洪水淹没情景模拟,本书将范围扩大至整个中巴经济走廊地区,模拟该地区暴雨洪水演进过程,并与实际洪水淹没范围进行对比以验证模型淹没模拟的合理性。

　　FloodArea 模型中有三种淹没模拟过程:水位模拟、入流处流量模拟、面雨量模拟[62]。面雨量与入流处流量模拟的方法相似,不同之处只是在于水进入模型的方式。本书中采用面雨量模拟为主、入流处流量模拟为辅的方法,二者结合,将面雨量作为洪水的主要来源,同时结合主要干支流上主要水库大坝的流量过程进行洪水淹没模拟。在运行 FloodArea 模型的过程当中,以水流在地表栅格上的交互流动来显示淹没过程,考虑一个单元格周围的八个单元与该单元格的水量交互(图 7-1),淹没范围的计算基于流体动力学的方法,每个时刻对应的淹没水深和淹没范围都以栅格的形式进行存储和展示,使得模型计算结果可视化更强,从而更便于灾情评估。

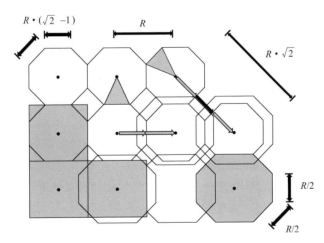

图 7-1　FloodArea 水动力模型原理

R 指相邻单元的栅格距离

2. 洪水演进模拟

1) 产流计算

　　利用 FloodArea 进行洪水演进模拟有三种模型输入方式,模型输入方式不同则所需要的数据形式和模拟方法也有较大差异,其中最大的区别在于雨量输入方式的不同。第一种为水位模式(water level):该产流过程设定洪水通过河道网格进入，数据需求为设定高程的河道网络栅格；第二种为水文过程线（hydrograph）；产流过程设定洪水从指定点进入，数据需求为设定不同随时段变化的流量过程线及与此相对应的位置坐标；第三种为降雨模式（rainstorm）：与第二种模拟方式类似，不同之处在于对于一个较大区域的暴雨模拟该模式通过带有权重数据的雨量栅格数据来设置。

相邻单元的流入量 V 由 Manning-Stricker 公式计算：

$$V = k \cdot r^{2/3} \cdot I^{1/2} \tag{7-1}$$

式中，k 为地表粗糙度；r 为水力半径；I 为地表坡度。流速与下垫面糙度线性相关，模拟程度好坏与粗糙度质量关系密切。淹没深度受单元水位高程和最大地形高程差的影响，公式如下：

$$h = H_a - \max(e_a - e_b) \tag{7-2}$$

式中，h 为淹没水深；H_a 为淹没水位高程；e_a 和 e_b 分别是 a 点、b 点地形高程。坡向控制地表水流方向，坡向为点的切平面法线投影与正北方的夹角。FloodArea 模型在每次迭代计算中都会计算水流的倾斜度和方向，公式如下：

$$\text{direction} = 270 - \frac{360}{2\pi} \cdot \alpha \tan 2 \left[\frac{\partial z}{\partial y}, \frac{\partial z}{\partial x} \right] \tag{7-3}$$

$$\text{slope} = \sqrt{\left(\frac{\partial z}{\partial x} \right)^2 + \left(\frac{\partial z}{\partial y} \right)^2} \tag{7-4}$$

式中，direction 为坡向；α 为坡度；slope 为地形最陡处的斜率；$\partial z / \partial x$ 为东西向高程变率；$\partial z / \partial y$ 为南北向高程变率。

对于中巴经济走廊地区的洪水淹没模拟，本书采用降雨模式与水文过程线模式相结合的模型，在这个过程中需要定义洪水流量过程线、暴雨权重栅格及地表糙率数据，再结合数字高程模型和阻水屏障等对模型结果进行修正。

2）汇流计算

汇流过程是地表径流在某一范围内集中的过程。模型中的降雨模块可以模拟较大面积区域的暴雨致洪过程，以往研究更多侧重于使用一个模块进行淹没模拟，本书综合考虑入流处流量与面雨量过程，设定进入模型的洪水是从一个降水区域开始，并在演进过程中加入入流点处的径流过程。模拟过程中，流量随时间而变化，当给定时间的流量过程结束或达到设定时间，模拟结束。

本书对中巴经济走廊内印度河流域的洪水演进过程进行模拟，分别选取主要干支流上的 17 个水文站作为进洪口（图 7-2），进行两种情景下的洪水淹没模拟，以期获得较为准确的淹没范围数据。

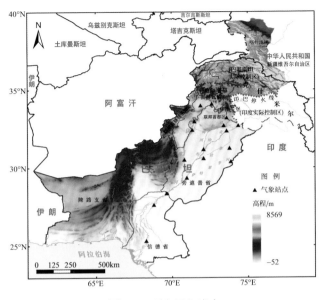

图 7-2　研究区入流点

3. 典型情景选择

根据 WAPDA 发布的防洪标准，印度河干流灌溉所用拦河闸防洪设计标准为 20~40 年重现期，沿河堤防一般能够抵御二十年一遇洪水过程。自从古杜闸、苏库尔闸、科特里闸提升泄洪能力及灌区三大水库建立以来，印度河流域的防洪标准重现期提升到了一百年。根据掌握到的历史洪水径流资料，选择接近防洪标准的典型洪水过程。根据典型站点洪峰洪量、持续时间、损失情况等，模拟高情景（百年一遇）和低情景（二十年一遇）两个典型洪水事件场景。根据历史洪水信息和所掌握到的资料选择 2010 年 7~8 月发生在西北部山区并漫延到整个印度河流域的这个近似百年一遇的洪水过程作为高情景洪水事件；选择在 2011 年 7 月发生在吉尔吉特-巴尔蒂斯坦山谷并下泄到中部平原区近似二十年一遇的洪水过程为低情景洪水过程。

4. 面雨量计算

本书采用 CMORPH 与自动站融合的 0.25° 的逐小时降雨格点数据作为研究区内的小时面雨量，构成面雨量逐时序列并驱动 FloodArea 模型对研究区典型洪水事件中的降雨过程进行模拟。高情景下洪水模拟选用研究区内 2010 年 7 月下旬的逐小时降雨量数据，此次暴雨洪涝过程降水量最大值出现在 2010 年 7 月 28 日，最大小时降水量达 20.5 mm（图 7-3）。低情景下洪水模拟选择 2011 年 8 月 29 日～9 月 7 日发生的降雨过程。由降雨的空间分布可知，2010 年 7 月下旬降雨过程主要发生在中巴经济走廊的西北部及中南部区域，其中旁遮普和信德省交界地区降水量最为集中。

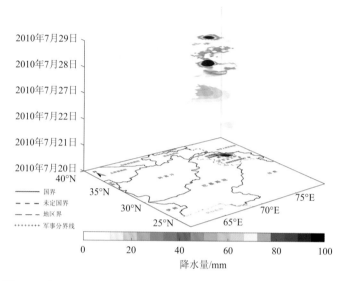

图 7-3　中巴经济走廊 2010 年 7 月下旬典型洪水过程降水时空变化

5. 地表粗糙度与产流系数

河网、建筑、路网等将研究区域划分为许多子区域，在降雨发生后，生成的部分地表径流随着高程的起伏进入河网水体，下垫面的粗糙度会影响地表水的汇流过程，从而使流量、流速发生变化。地表粗糙度是表征地表起伏、侵蚀状态的指标，不同土地利用类型的地表粗糙度不同。它的值与曼宁系数有关，曼宁系数越大，表面越粗糙，反之越光滑。水力粗糙度是流体力学上的粗糙度，是衡量河道或冲沟形状粗糙程度的综合性系数。为反映不同阻率对洪水演进形态的影响，需在模型中加入代表地表水力粗糙度的参数，即地表粗糙度系数。本章利用 GlobeLand30 地表覆盖数据分别计算和模拟所需产流系数和地表粗糙度，其中地表水力粗糙度如图 7-4（a）所示。

以中巴经济走廊地表覆盖数据为基础，根据相关文献，按照耕地、林地、草地、灌木地、湿地、水体、苔原、人造地表、裸地、冰川雪地等 10 种类型确定粗糙度初值，并根据淹没结果进行参数调整（表 7-2）。

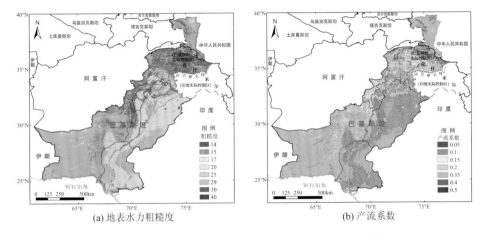

(a) 地表水力粗糙度   (b) 产流系数

图 7-4 中巴经济走廊地区地表水力粗糙度与产流系数

表 7-2 中巴经济走廊土地利用类型及粗糙度

耕地	林地	草地	灌木地	湿地	水体	苔原	人造地表	裸地	冰川雪地
20	15	30	17	25	40	25	14	29	30

带有权重的降雨量栅格数据由地表产流系数来表示，它代表着降雨量和径流量之间的关系。产流系数通过美国水土保持局（Soil Conservation Service，SCS）模型曲线数值（curve number method，CN）法[63]计算，采用 CN 法主要考虑其结构简单，所需参数少。SCS 模型能反映不同土地利用类型及前期土壤含水量对降雨径流的影响。计算公式为

$$S=25\,400/\mathrm{CN}-254 \tag{7-5}$$

$$Q=(P-0.2S)^2/(P+0.8S) \tag{7-6}$$

$$K=Q/P \tag{7-7}$$

式中，S 为潜在入渗量；CN 为曲线数值；Q 为产流量；P 为当日降水量；K 为产流系数。CN 值能够反映发生产流前的土壤类型、湿润程度等土地现状综合特点。根据上述公式，集水区径流量由降水量和发生降雨前的潜在入渗量确定，潜在入渗量又与集水区的土壤质地、湿润状态及土地利用类型有关。CN 法可以较好地反映下垫面现状对产汇流的影响。CN 值可通过查表得到，它由土地利用与土壤质地类型确定。根据地面利用类型，通过上述公式，计算得到中巴经济走廊的地表产流系数值 K，根据每一次的淹没模拟效果对参数进行调试，以调节洪水淹没深度，其率定结果如图 7-4（b）所示。

7.1.3　风险评估框架

暴雨洪水灾害风险是由孕灾环境敏感性、致灾因子危险性、承灾体脆弱性和防灾减灾能力四个主要因子构成的，每个因子又由若干评估指标组成。根据自然灾害风险理论和暴雨洪水灾害风险的形成机制，建立暴雨洪涝灾害风险评估概念框架如图 7-5 所示。辨识暴雨洪水灾害影响因素，选择评估指标并对其分级量化是开展暴雨洪水灾害风险评估的第一步。本书因地制宜，依据科学性、合理性、系统性、可行性原则对指标进行筛选，从致灾因子、孕灾环境的自然属性和承灾体的社会属性两方面出发，开展洪灾风险评估研究。为保证数据时空尺度的一致性，本书通过重采样方法解决多种数据源空间分辨率不一致问题，承灾体和孕灾环境指标均采用 2010 年数据。

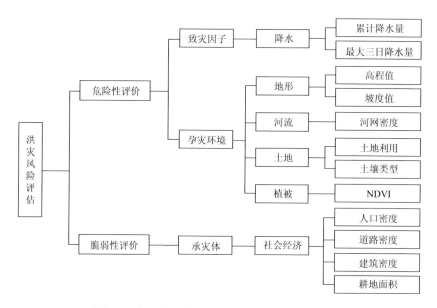

图 7-5　中巴经济走廊洪水灾害风险评估指标体系

1. 致灾因子

降雨是暴雨洪水灾害当中最为重要的致灾因子。累计降水量作为最直观有效的降雨评估指标，可以体现致灾因子的危险性程度。中巴经济走廊地区强降雨大多发生在三天之内，在不同时间尺度上，最大三日降雨中的降雨强度和降雨影响面积的相关性最好。鉴于此，本书中采用累计降水量和最大三日降水量作为降雨的重要指标来评估洪水灾害风险。

2. 孕灾环境

孕灾环境是发生洪水灾害时承灾体所处的外部环境，在致灾因子相同的情况下，孕灾环境敏感性越高，引发洪水灾害的可能性越大。如地势平坦的低洼地带易汇水，不利于排水，易发生洪水；河网密度越大的区域，洪水发生可能性越大；植被覆盖低的地区不利于水源涵养，容易发生洪水。下垫面环境对于洪水的再分配具有重要作用，在指标的选取过程中，应该充分考虑下垫面的情况。因此，在本书中选取代表地形因素的高程和坡度、代表河流因素的河网密度及土地利用、土壤类型等指标来评判孕灾环境的敏感性程度。

3. 承灾体

暴雨洪水灾害作用的对象是人类活动及其所在社会中各种资源的集合，主要体现在人口、经济及基础设施等方面。人口越密集、经济越发达、基础设施越密集则发生洪灾时的损失就越大。巴基斯坦是典型的农业国，洪水灾害发生地也多在平原农业区，因而选取代表经济的耕地面积和建筑密度、具有人口代表性的人口密度、具有基础设施代表性的路网密度等指标作为承灾体脆弱性评估指标。

决策层分为危险性、脆弱性评估两大类，其中洪水危险性主要包含天气（致灾因子）、下垫面（孕灾环境）两大类要素，洪水脆弱性主要包括对应承灾体的人口、经济、建筑等指标。对应各指标进行要素收集后统一开展预处理、栅格化、归一化等数据处理，随后采用基于博弈论的组合赋权法结合 GIS 空间分析进行洪灾风险评估。

7.1.4　指标权重计算

1. 主观权重计算

直觉模糊层次分析法（intuitionistic fuzzy analytic hierarchy process, IFAHP）是基于层次分析（AHP）改进的主观赋权方法[64]，主要计算步骤如下。

1）构造直觉模糊判断矩阵

在直觉模糊层次分析中，由两两比较一二级指标之间的重要程度得到直觉模糊判断矩阵 $W=(w_{ij})_{n \times n}$，它在层次分析判断矩阵的基础上增加了犹豫度。其中，$w_{ij}=(u_{ij}, v_{ij})$，u_{ij} 表示隶属度，即第 i 个指标比第 j 个指标相对重要的程度；v_{ij} 表示非隶属度，即第 j 个指标比第 i 个指标相对重要的程度；w_{ij} 为直觉模糊数；i、j 分别代表判断矩阵中的行和列。

$\overline{R}$ 为直觉模糊一致性判断矩阵，$\overline{R}=(\overline{r_{ij}})_{n\times n}$。

（1）当 $j>i+1$ 时，令 $\overline{R}=(\overline{\mu_{ij}},\overline{v_{ij}})$，式中：

$$\overline{\mu_{ij}}=\frac{\sqrt[j-i-1]{\prod\limits_{t=i+1}^{j-1}\mu_{it}\mu_{tj}}}{\sqrt[j-i-1]{\prod\limits_{t=i+1}^{j-1}\mu_{it}\mu_{tj}}+\sqrt[j-i-1]{\prod\limits_{t=i+1}^{j-1}(1-\mu_{it})(1-\mu_{tj})}} \qquad （7\text{-}8）$$

$$\overline{v_{ij}}=\frac{\sqrt[j-i-1]{\prod\limits_{t=i+1}^{j-1}v_{it}v_{tj}}}{\sqrt[j-i-1]{\prod\limits_{t=i+1}^{j-1}v_{it}v_{tj}}+\sqrt[j-i-1]{\prod\limits_{t=i+1}^{j-1}(1-v_{it})(1-v_{tj})}} \qquad （7\text{-}9）$$

（2）当 $j=i+1$ 时，令 $\overline{r_{ij}}=r_{ij}$；

（3）当 $j<i+1$ 时，令 $\overline{r_{ij}}=(\overline{v_{ij}},\overline{\mu_{ij}})$。

通过（1）、（2）和（3），得到直觉模糊一致性判断矩阵 $\overline{R}=(\overline{r_{ij}})_{n\times n}$，并将其带入式（7-10），进行一致性检验。

2）一致性检验与直觉模糊一致性判断矩阵

对收集到的专家偏好（直觉模糊判断矩阵）进行逻辑检验。在使用直觉模糊层次分析法时，可利用迭代公式，通过设置参数进行迭代，从而避免再次打分。

3）一致性检验公式

$$(\overline{R},R)=\frac{1}{2(n-1)(n-2)}\sum_{i=1}^{n}\sum_{j=1}^{n}(|\overline{\mu_{ij}}-\mu_{ij}|+|\overline{v_{ij}}-v_{ij}|+|\overline{\pi_{ij}}-\pi_{ij}|) \qquad （7\text{-}10）$$

式中，n 为指标个数；R 为直觉模糊判断矩阵；$\overline{R}$ 为直觉模糊一致性判断矩阵；π_{ij} 代表犹豫度；$\overline{\mu_{ij}}$、$\overline{v_{ij}}$ 分别由 μ_{ij} 和 v_{ij} 通过相关公式计算而来，$\overline{\pi_{ij}}=1-\overline{\mu_{ij}}-\overline{v_{ij}}$。

4）主观权重计算

在得到直觉模糊一致性判断矩阵之后，计算各指标权重，同层指标相对上一层指标的权重 w_i 计算公式为

$$w_i=\left(\frac{\sum\limits_{j=1}^{n}\mu_{ij}}{\sum\limits_{i=1}^{n}\sum\limits_{j=1}^{n}(1-v_{ij})},1-\frac{\sum\limits_{j=1}^{n}(1-\mu_{ij})}{\sum\limits_{i=1}^{n}\sum\limits_{j=1}^{n}v_{ij}}\right),i=1,2,\cdots,n \qquad （7\text{-}11）$$

本评估体系共有 3 个一级指标，11 个二级指标。设一级指标的权重为 $w_k(k=1,2,3)$，二级指标相对于一级指标的权重为 $w_{kl}(k=1,2,3)$，二级指标相对

于预案总评分的综合权重为 W_{kl}。由于 w_k 和 w_{kl} 都为直觉模糊数，综合权重计算需利用直觉模糊数的运算法则（$\otimes$ 为直觉模糊数运算符）：

$$W_{kl} = w_k \otimes w_{kl} \tag{7-12}$$

据综合权重计算各指标的得分权重，即最终权重结果 H_{kl} 和归一化计算得到综合权重结果 w_{kl}：

$$H_{kl} = \frac{1 - v_{kl}}{2 - v_{kl} - \mu_{kl}} \tag{7-13}$$

$$w_{kl} = \frac{H_{kl}}{\sum\limits_{l=1}^{n} H_{kl}} \tag{7-14}$$

2. 客观权重计算

CRITIC 法是由 Diakoulaki 提出的一种客观赋权方法[65]，综合运用指标间的差异性和冲突性计算权重是 CRITIC 法的基本思想，差异性以标准差 σ 形式展现，其计算公式如下：

$$\sigma = \sqrt{\frac{1}{n} \sum_{i=1}^{n} (X_i - \bar{X})^2} \tag{7-15}$$

式中，X_i 为同一指标的第 i 个取值；$\bar{X}$ 为指标取值的平均值。

不同指标间的冲突性以相关系数 ρ_{XY} 计算：

$$\rho_{XY} = \frac{\sum\limits_{k=1}^{N} (X_k - \bar{X})(Y_k - \bar{Y})}{\sqrt{\sum\limits_{k=1}^{N} (X_k - \bar{X})^2} \sqrt{\sum\limits_{k=1}^{N} (Y_k - \bar{Y})^2}} \tag{7-16}$$

式中，X_k、Y_k 分别为两个指标的第 k 个取值；$\bar{X}$、$\bar{Y}$ 分别为两个指标取值的平均值；N 为指标取值个数。

第 k 个指标所包含的信息量 E_k 为

$$E_k = \sigma_k \sum_{k=1}^{n} (1 - \rho_k) \tag{7-17}$$

式中，$\sum\limits_{k=1}^{n} (1 - \rho_k)$ 为第 k 个指标和其他 n 个指标冲突性量化的结果。E_k 越大，熵越大，则表明该评估指标所包含的信息量就越大，该指标的相对重要性就越大，即其在评估中所占比例越大。评估中利用归一化方法计算评估体系中第 j 个指标

的权重 w_j：

$$w_l = \frac{E_l}{\sum_{l=1}^{n} E_l} \tag{7-18}$$

3. 改进博弈论组合赋权

改进博弈论组合赋权法（ICWGT）通过引入运筹学领域中的博弈论来分析决策行为博弈论相互影响时的理性及其决策均衡问题，其组合赋权的思想是在不同赋权方法当中寻找一种一致或者妥协的赋权方法，通过使各个指标权重与最优线性组合指标权重之间的离差极小化而达到平衡的寻优方式[66]，从而筛选最优组合权重。基于博弈论的组合赋权可表达为

$$w = \sum_{l=1}^{L} \alpha_l w_l^{\mathrm{T}} \tag{7-19}$$

式中，w 为组合权重向量；α_l 为线性组合系数，$\alpha_l > 0$；w_l 为各赋权方法得到的权重。以组合权重向量 w 与所有 w_l 的偏差最小为目标，对式（7-19）的 L 个线性组合系数进行优化，即可得到 w 的最优解 w^*，由此得到的对策模型为

$$\min \left\| \sum_{l=1}^{L} \alpha_l w_l^{\mathrm{T}} - w_p \right\|_2, \ p = 1, 2, \cdots, L \tag{7-20}$$

计算评估指标权重的方法有 P 种，第 p 个基本权重集为 w_p。其相应的最优化条件为[67]

$$\sum_{l=1}^{L} \alpha_l w_p w_l^{\mathrm{T}} = w_p w_p^{\mathrm{T}} \tag{7-21}$$

通过求解得到线性组合 $(\alpha_1, \alpha_2, \cdots, \alpha_L)$，对其进行归一化处理后得到 α^*，那么组合权重就可以表示为

$$w^* = \sum_{l=1}^{L} \alpha_l^* w_l^{\mathrm{T}} \tag{7-22}$$

从上述的计算过程可以看出，组合权重的计算结果过分依赖于线性组合系数，而通过式（7-22）可以看出线性组合系数 $(\alpha_1, \alpha_2, \cdots, \alpha_L)$ 的计算结果并不能保证为正，若其为负则与假设相悖。因此，需要对博弈论模型进行改进。据矩阵微分的性质，为保证线性组合系数为正，优化对策模型[68]可得

$$f = \min_{\alpha_1, \cdots, \alpha_L} \sum_{i=1}^{L} \left| \left(\sum_{i=1}^{L} \alpha_p w_i w_p^{\mathrm{T}} \right) - w_i w_i^{\mathrm{T}} \right| \tag{7-23}$$

该式与式（7-20）是同一模型的不同变形式，因线性组合系数 $(\alpha_1,\alpha_2,\cdots,\alpha_L)$ 一般符合 $\sum\limits_{j=1}^{L}\alpha_p^2=1$，故借鉴离差最大化客观赋权的思想，以式（7-23）为目标函数的约束条件[69]，得到如下最优化模型：

$$\min_{\alpha_1,\cdots,\alpha_L} f = \sum_{i=1}^{L}\left|\left(\sum_{p=1}^{L}\alpha_p w_i w_p^{\mathrm{T}}\right)-w_i w_i^{\mathrm{T}}\right| \tag{7-24}$$

$$\mathrm{s.t.}\ \alpha_p>0,\ p=1,2,\cdots,L,\ \sum_{p=1}^{L}\alpha_p^2=1$$

为求解该模型，构建拉格朗日函数及求偏导得到最终组合系数解，并对其进行归一化处理，得到改进博弈论模型求组合权重系数如下：

$$\alpha_p^* = \frac{\sum\limits_{i=1}^{L}w_i w_p^{\mathrm{T}}}{\sum\limits_{p=1}^{L}\sum\limits_{i=1}^{L}w_i w_p^{\mathrm{T}}} \tag{7-25}$$

按照 IFAHP 的方式得到主观赋权的指标权重，并按照 CRITIC 法得到客观赋权的指标权重，在这两者的基础上通过改进的博弈论组合赋权计算组合系数并归一化得到组合赋权的指标权重。

7.2　洪水灾害时空变化

7.2.1　损失时空变化

自 20 世纪中叶以来，中巴经济走廊共发生了 23 次重大洪水事件，大约每三年发生一次，造成约 12 000 人死亡，直接经济损失约 380 亿美元（表 7-3）。尽管巴基斯坦联邦洪水委员会（FFC）通过各省灌排局和巴基斯坦气象局投资了数十亿美元用于防洪减灾，但大量研究表明中巴经济走廊内的巴基斯坦仍然频繁遭到洪水侵袭，且洪水频率和强度呈现上升趋势[11,18]，其中 2010～2015 年，巴基斯坦连续发生暴雨洪水灾害[70]。

表 7-3　中巴经济走廊 1950～2015 年重大洪水事件（数据来源：www.emdat.be）

洪水事件编号	年份	直接经济损失/百万美元	死亡人数/人	受影响村庄数/个	影响面积/km²
1	1950	488	2910	10 000	17 920
2	1955	378	679	6945	20 480
3	1956	318	160	11 609	74 406

洪水事件编号	年份	直接经济损失/百万美元	死亡人数/人	受影响村庄数/个	影响面积/km²
4	1957	301	83	4498	16 003
5	1959	234	88	3902	10 424
6	1973	5134	474	9719	41 472
7	1975	684	126	8628	34 931
8	1976	3485	425	18 390	81 920
9	1977	338	848	2185	4657
10	1978	2227	393	9199	30 597
11	1981	299	82	2071	4191
12	1983	135	39	643	1882
13	1984	75	42	251	1093
14	1988	858	508	100	6144
15	1992	3010	1834	13 208	38 758
16	1994	843	431	1622	5568
17	1995	376	591	6852	16 686
18	2010	10 000	1985	17 553	160 000
19	2011	3730	516	38 700	27 581
20	2012	2640	571	14 159	4746
21	2013	2000	333	8297	4483
22	2014	440	346	3610	9510
23	2015	170	238	4111	2877
合计		38 163	13 702	196 252	616 329

图 7-6 总结了中巴经济走廊 1961～2015 年的主要洪水事件的灾损空间分布情况。中巴经济走廊地区洪水灾害造成的损失基本遍布研究区内各地区，其中俾路支省和信德省遭受的损失较为严重，死亡人数约占总死亡人数的 45%。

以 2010 年洪灾为例，研究区洪水灾害共呈现以下三大特点。

一是累计降水量大。2010 年 7 月中旬至下旬，研究区共出现了五次强降水过程，大部分地区累计降水量在 100 mm 以上，近 60%的观测站降水量在 200～600 mm，其中卡姆拉（843 mm）、里萨尔布尔（794 mm）、穆里（770 mm）、锡亚尔科特（778 mm）、拉沃拉果德（639 mm）、杰拉德（618 mm）等地超过 600 mm。与往年同期相比，研究区大部分地区降水量偏多 80%至 3 倍，局部地区偏多甚至高达 4～8 倍。

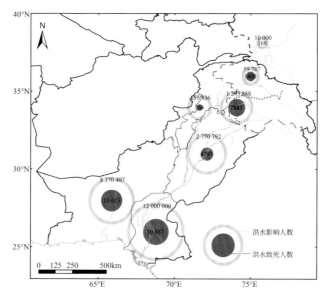

图 7-6　中巴经济走廊 1961～2015 年典型洪水灾害损失空间分布特征

二是降水强度高。7 月中旬以来的五次强降水过程中，以 7 月 27 日至 8 月
10 日的强降水过程强度最高、影响范围最广，研究区超过 50%的观测站出现了暴
雨（日降水量大于 50 mm），超过 30%的观测站出现了大暴雨（日降水量大于 100
mm），近 5%的观测站出现了特大暴雨（日降水量大于 250 mm）。7 月 29 日，巴
基斯坦西北部出现了特大暴雨，最大日降水量高达 280 mm。强降水区域主要集
中在巴基斯坦北部和中部地区[71]。

三是灾害损失十分严重。由于研究区在 40 多天的时间内遭受了五次强降水
过程袭击，贯穿巴基斯坦全境的印度河普发洪水[72]。据初步估计，此次灾害已造
成约 2000 人死亡（图 7-7）。此次灾害带来的经济损失高达 100 亿美元，80%的粮
食储备被洪水吞噬；电力、水力、交通设施损毁严重，粮食绝收面积达 400 万 hm²，
失踪牲畜 50 万头，棉花绝产，多数农民家中的储备粮食被冲走[73]。同时区域内
各类基础设施遭到严重破坏，主干公路被冲垮或路基塌陷，电力短缺。洪水导致
了严重的次生灾害，疟疾、猩红热、腹泻、霍乱等疾病流行，严重威胁了区域内
民众的生命安全，影响超过了印度洋海啸。

由于强降水过程频繁、累计降水量大、强度高，加之印度河下游河道严重淤
积，人为挤占河道与人为设障极大地影响了洪水下泄。此次洪水过程中，印度河
中下游的洪峰流量略小于历史洪水最高纪录（1976 年 Guddu、Sukkur 断面与 1956
年 Kotri 断面），但洪峰水位均创历史新高[74]。洪灾造成巴基斯坦三分之一的国土

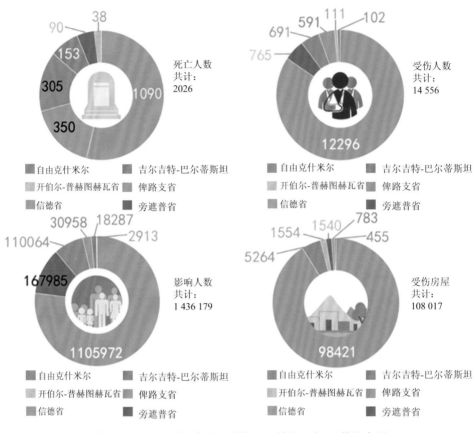

图 7-7　中巴经济走廊 2010 年洪水灾害损失情况（单位：人）（数据来源：UNOCHA）

被洪水"冲刷"，洪灾从西北部的开伯尔–普赫图赫瓦省向南蔓延至旁遮普省、信
德省、俾路支省部分地区，流程长达 3180 km，最终涌入阿拉伯海（图 7-8）。此
次洪水灾害既有特大暴雨的自然因素，也有人们水患意识不足、应急响应不力等
多方面的人为因素。如在印度河、杰纳布河和拉维河上一些重要设施（拦河坝和
铁路或公路桥）的现有排水能力严重不足，导致堤防决口，而在印度河下游的广
大平原地区，村镇密集，河岸地区建造了大量村落，土地资源过度开发，长期以
来大量投入主要放在发展农业灌溉上，防洪方面无论是工程措施还是非工程措施
的建设和投入严重不足，信德省印度河两岸的干堤像灌溉系统的渠堤一样，由灌
溉与电力部门负责建设，印度河下游右岸平原洪水无出路的问题也由来已久，但
一直未引起重视。此外，由于信息采集系统不足，仅有的一套印度河洪水预报系
统在突发性洪水面前不能正常发挥作用。

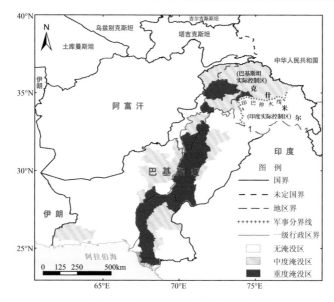

图 7-8　中巴经济走廊 2010 年洪水淹没范围（数据来源：UNOCHA）

7.2.2　洪水重现期

根据 WAPDA 和叶尔羌河流域管理局提供的中巴经济走廊 1961~2015 年逐日径流观测数据，本书绘制了杰赫勒姆河、杰纳布河、喀布尔河、印度河、叶尔羌河的洪水重现期（图 7-9）。2010 年印度河的德尔贝拉站最大洪峰流量（23 588 m^3/s）和喀布尔河的瑙谢拉站最大洪峰流量（12 742 m^3/s）均突破近 55 年来历史极值。杰赫勒姆河门格拉站最大洪峰流量（14 158 m^3/s）和杰纳布河的玛沙拉站最大洪峰流量（24 394 m^3/s）均出现在 2014 年；而中国境内的叶尔羌河最大洪峰流量（6070 m^3/s）则出现在 1999 年，统计资料表明：此次洪水使叶尔羌河从上游到下游全面受灾。冲毁或冲断沿河大部分临时防洪工程，淹没农田 20 余万亩，房屋 8000 余间，人员伤亡 168 人，死亡牲畜 2988 头，粮食 157 t，直接经济损失达 1.53 亿元[75]。

7.2.3　洪水演进模拟

1. 2010 年洪水演进模拟

2010 年 7~8 月发生的百年一遇特大洪水过程严重破坏了印度河沿岸堤防、灌溉设施。在旁遮普省，由于平原地区地势低，排水能力较差，大面积淹没且一直持续到了 9 月初。本书根据中巴经济走廊的高程数据，地表产流系数，地表水

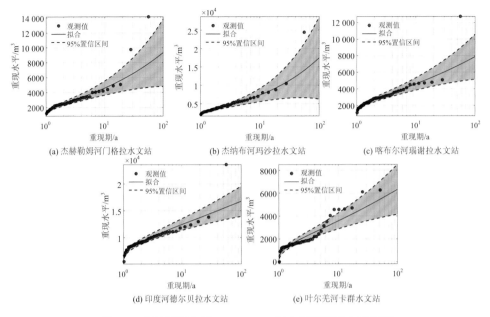

(a) 杰赫勒姆河门格拉水文站　　　　(b) 杰纳布河玛沙拉水文站　　　　(c) 喀布尔河瑙谢拉水文站

(d) 印度河德尔贝拉水文站　　　　(e) 叶尔羌河卡群水文站

图 7-9　中巴经济走廊 1961～2015 年主要河流洪水重现期

力粗糙度，溃坝、阻水建筑位置，洪水过程的逐小时面雨量及 17 个入流点的径流数据，驱动 FloodArea 洪水淹没模型对 2010 年 7 月 22～31 日暴雨洪水过程进行模拟。经过多次调整，最终确定以 6 h 为时间步长，模拟时间从 2010 年 7 月 22 日 0 时至 7 月 31 日 24 时，共 240 h。不同时间段的模拟结果如图 7-10 所示。

根据洪灾记录，2010 年 7 月 22 日夜间巴基斯坦中北部边境遭遇暴雨袭击，引发洪水侵袭，造成大量村庄被毁和人员伤亡，自此拉开了研究区 2010 年特大洪水的序幕[76]。从 2010 年 7 月 22 日凌晨开始，自模拟开始 18 h，到暴雨开始 30 h

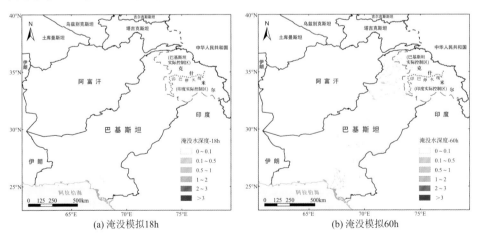

(a) 淹没模拟18h　　　　　　　　　(b) 淹没模拟60h

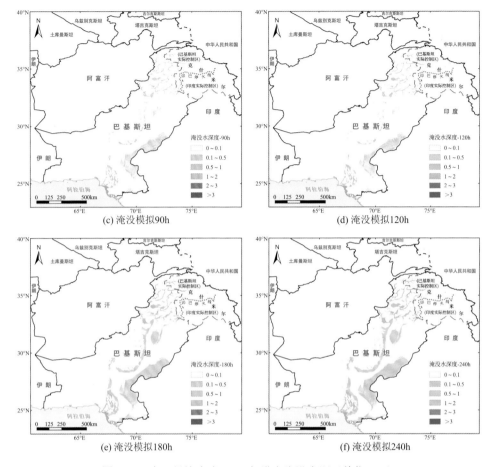

图 7-10　中巴经济走廊 2010 年洪水淹没水深（单位：m）

内，引发印度河上游山区的山洪，最大淹没水深达到 3.26 m，1 m 以下淹没面积达到 9950.94 km²[图 7-10（a）]。随着暴雨的不断持续，淹没面积进一步扩大，在模拟开始 60 h 内，形成了明显的地面径流，1 m 以下淹没面积达到 2.74 万 km²[图 7-10（b）]，由于这段时间暴雨主要发生在开伯尔-普赫图赫瓦省北部山区，此处地形复杂，谷深坡陡，暴雨迅速在山区河谷汇流形成山洪冲击村庄[77]。根据 2010 年洪水记录，2010 年 7 月 22 日突发的降雨导致莱赫里防洪堤（Lehri Flood Protection Bund）破损，锡比河（Sibi）上游 43 km 处暴发洪水，淹没了沿岸 20 多个村庄。

在模拟开始 90 h 之后，洪水持续向下推进，此时旁遮普省南部与信德省北部交界地区发生大范围降雨，河流承接上游水库放水的同时接受本地流域汇水，由于地势平坦，洪水推进速度加快，平均淹没水深为 0.279 m[图 7-10（c）]。在第

120 h时,总的洪水淹没面积已经达到6.44万 km²,1 m以上淹没面积为2419.11 km²,最大淹没水深为5.82 m,洪水依旧处于推进过程[图 7-10(d)]。到180 h时,杰赫勒姆河发生大面积洪水淹没,大量洪水从杰纳布河泛滥流入旁遮普平原,由于平原区地势缓,流入的大量洪水在此停留,长时间无法消退[图 7-10(e)]。在洪水到达旁遮普省和信德省南部之前,整个开伯尔-普赫图赫瓦省发生了前所未有的暴雨事件,在2010年汛期,西部河流的流量较高,部分河流流量与1956年、1976年、1992年的洪水记录相当。

在模拟运行到240 h时,也就是模拟到31日,洪水淹没面积猛增,淹没水深持续升高,最大淹没深度达到了8.08 m,发生在德尔贝拉库址下游,此时的入库流量最大时达到了23 587.93 m³/s,其有记录历史最大入流为14 441 m³/s。7月27~30日,德尔贝拉上游地区发生强降水,仅开伯尔-普赫图赫瓦省24 h内就有超过200 mm的降水,这导致德尔贝拉水库区入流猛增[图 7-10(f)]。随着洪水在印度河流域的推进及来自杰纳布河的洪水,处在平原区的印度河主干流中下游区域淹没范围开始扩大。在模拟240 h之后,即7月31日,整个印度河流域几乎全部处于洪水的淹没范围,流入平原区的洪水水位继续上涨,在古杜大坝沿岸出现了平原区最大淹没水深,此时整个研究区淹没面积达到15.1万 km²,约占走廊面积的17%。在最大淹没发生之后,研究区降雨稍有变缓,淹没区水位略有下降,但整个研究区依旧处于大范围洪水淹没下。表 7-4为不同淹没水深所淹没面积的对应关系,此次洪水淹没面积约15万 km²。该结果与 Hashmi 等研究结果(16万 km²)基本一致[78]。

表 7-4 淹没水深与淹没面积对应关系

淹没水深/m	淹没面积/km²
0~0.5	121 971.2
0.5~1	23 422.86
1~2	3430.17
2~3	1078.29
3~4	568.53
4~5	343.98
>5	193.05

FloodArea 模型在计算出淹没水深的同时也得到了绝对水深数据,这为本书的模型验证带来了便利。对比研究区内 3 个主要水库周围发生淹没时的水位,并对研究结果进行验证,主要结果如表 7-5所示。

表 7-5　实测与模拟水深验证

测点	位置坐标	实际水位/m	模拟水位/m	误差/m
Tarbela	72.70°E, 34.09°N	1554.78	1553.92	0.86
Mangla	73.64°E, 33.15°N	1242.15	1242.69	0.54
Chashma	71.38°E, 32.46°N	649.23	648.72	0.51

德尔贝拉（Tarbela）水库位于印度河干流上，在拉瓦尔品第西北约 64 km，水库总库容 137 亿 m³，有效库容 115 亿 m³。该水库于 1968 年开工，1976 年正式蓄水发电。门格拉（Mangla）水库位于巴基斯坦杰赫勒姆河上，距伊斯兰堡约 64 km。工程的主要目的是防洪、灌溉和发电，水库总库容 118 亿 m³。恰希玛（Chashma）水库是德尔贝拉水库下游的灌溉调节水库，属平原水库，反调节德尔贝拉水库的下放水源，提高水位，用于灌溉取水。从具体的水深数据（表 7-5）来看，Tarbela 和 Chashma 模拟水深均低于实际水深，二者误差分别为 0.86 m 和 0.51 m，只有 Mangla 模拟水深大于实际水深，误差为 0.54 m。根据巴基斯坦政府发布的 2010 年洪水报告，当地实际淹没为 16 万 km²[79]。模拟结果与实测误差为 0.9 万 km²，这与选取的淹没时段有关，在 7 月 31 日模拟结束后，当地在 8 月 20 日左右再次发生较大范围降雨。模拟与实测差距在合理的范围之内，可以证明 FloodArea 模型对于中巴经济走廊地区的洪水淹没具有较好的模拟效果。

根据洪水淹没模拟的水深划分相应的淹没风险区（图 7-11）：无淹没风险区（淹没深度<0.01 m）、中低淹没风险区（0.01 m≤淹没深度<0.1 m）、中等淹没风险区（0.1 m≤淹没深度<0.5 m）、中高淹没风险区（0.5 m≤淹没深度<1 m）、高淹没风险区（淹没深度≥1 m）。并将风险区按影响重要程度进行排序，以此作为洪水灾害风险评估当中的淹没风险，可以提高洪灾风险评估与实际洪水淹没的拟合程度。从图 7-11 中可以看出，除了无淹没风险区之外，中低淹没风险区占比较大，约为 12.95%；高淹没风险区分布在西北部边境山区，高淹没风险区面积占研究区面积的比例约为 0.57%，中等淹没风险区所占比例最小，约为 0.03%。

2. 2011 年洪水演进模拟

2011 年的季风季节，由强降雨引发的洪水淹没了北部山区的部分地带，但持续时间较短，并未造成印度河流域主要河流水位大幅上涨，洪灾风险在可控范围内。但与此同时，信德省南部及旁遮普省东南部地区遭遇了暴雨袭击，在该地造成了大面积的洪水淹没。2011 年暴雨洪水影响了 38 700 个村庄，造成 520 人死亡，受影响的人数为 960 万[80]。

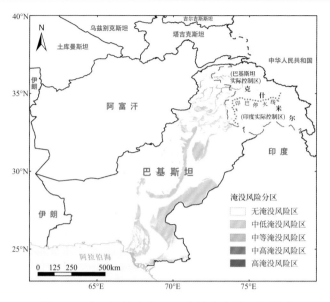

图 7-11　中巴经济走廊 2010 年洪水淹没风险分区

　　利用 FloodArea 模型对 2011 年 8 月 29 日～9 月 7 日的降雨进行模拟,并分析此次洪水过程对中巴经济走廊地区的影响,可以得到洪水淹没水深及范围分布图(图 7-12)。从图 7-12 中可以看出,洪水泛滥区,最大水深分布主要位于北部山区,自此往下印度河干流及研究区东南部、河流入海口皆存在淹没区域。根据模拟统计,此次洪水过程累计淹没地区面积为 2.8492 万 km²,1 m 深度以下淹没面积为2.7957 万 km²,平均淹没水深 0.202 m,最大淹没水深 3.49 m,大于 2 m 深度的淹没面积为 88.11 km²(表 7-6)。

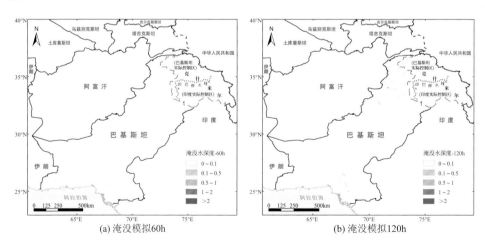

(a) 淹没模拟60h　　　　　　　　　　　　　　　(b) 淹没模拟120h

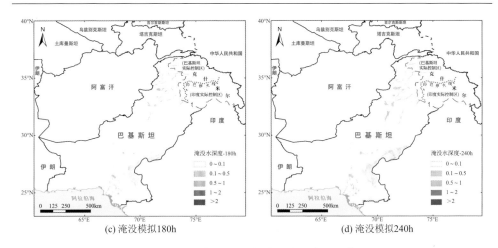

(c) 淹没模拟180h　　　　　　　　　　(d) 淹没模拟240h

图 7-12　中巴经济走廊 2011 年洪水淹没水深（单位：m）

表 7-6　淹没水深与淹没面积对应关系

淹没水深/m	淹没面积/km²
<0.5	26 965.89
0.5～1	990.9
1～2	447.39
2～3	81.99
3～4	6.12
与实际误差/%	3.3

　　根据世界银行和亚洲开发银行联合发布的 2011 年洪水报告中的洪水淹没统计数据[80]，对此次模拟过程进行合理性检查。在 2011 年的季风季节，由暴雨引发的山洪泛滥淹没了巴基斯坦的部分地区，但降雨持续时间较短，未在印度河主干流周边造成明显的淹没。此外，信德省南部与旁遮普省东南部、俾路支省部分山区遭遇强降雨过程，造成低洼地带明显的淹没，中等淹没风险区占比为 4.99%。2011 年这场洪水实际造成淹没面积为 2.7581 万 km²，实测与模拟相差 911 km²，误差为 3.3%，在合理范围内，可认为此次模拟过程与实际情况相符。与高情景的淹没过程相比，淹没面积、水深及历时上存在差异，但整体的淹没风险特征一致（图 7-13）。

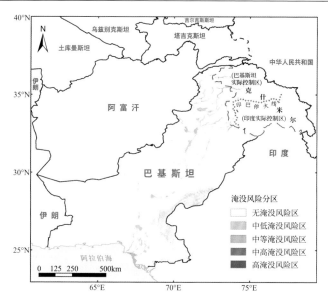

图 7-13   中巴经济走廊 2011 年洪水淹没风险分区

7.3   洪水灾害风险评估

7.3.1   洪水灾害危险性

按照所收集和处理后的中巴经济走廊的数据，对研究区内的危险性指标进行分析，所有数据均经过归一化处理（图 7-14）。降雨是洪水灾害当中最为重要的致灾因子。本书选用 2010 年的百年一遇降水资料，对其造成的特大洪水进行风险划分；同时采用 1990 年和 2000 年的降水资料进行危险性评估等级区划的对比；选用 2010 年 7 月 27 日～8 月 12 日的格点降雨数据并计算累计降水量及最大三日降水量[图 7-14（a）和图 7-14（b）]。考虑河网和土地利用数据对洪灾的重要影响，分析得到研究区河网密度数据[图 7-14(c)]和土地利用类型数据[图 7-14(d)]；数据处理后得到的坡度数据及无注 DEM 数据分别如图 7-14（f）和图 7-14（g）所示。

如图 7-14（a）和图 7-14（b）所示，累计降水量在北部山区、旁遮普省与信德省交界的南部地带较大，总体呈现西部少、东部多的趋势，这一现象主要出现在季风季节，主要由季风性强降雨引起。总体来说，最大三日降水量与累计降水量分布基本一致,降雨致灾危险性呈现出东部地区高于西部地区的特点。由图 7-14（c）可以看到河网密度呈现中部、东部、南部大而西部小的趋势，这也与前述区域特性基本相符。由图 7-14（d）可以看出耕地及人造地表主要分布在沿河平原，洪灾危险性在该地区突出。图 7-14（e）中植被主要分布在中部平原区和印度河

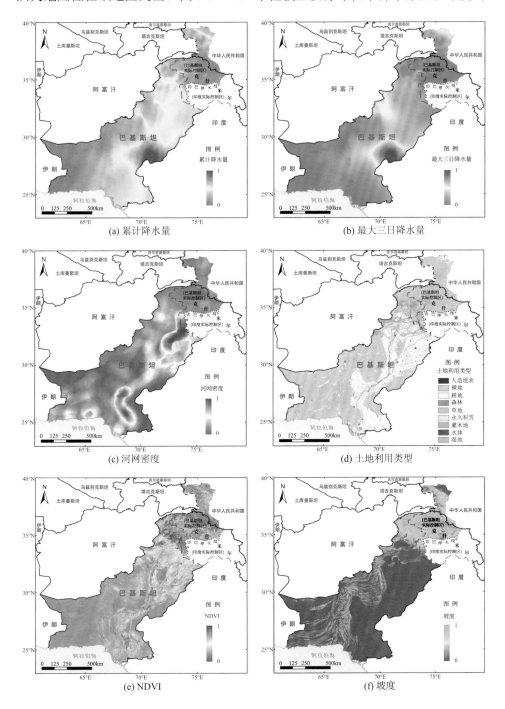

(a) 累计降水量　　　　　　　　　　　(b) 最大三日降水量

(c) 河网密度　　　　　　　　　　　(d) 土地利用类型

(e) NDVI　　　　　　　　　　　(f) 坡度

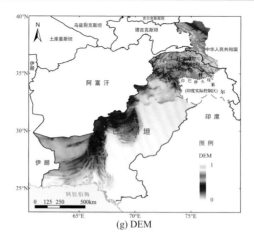

(g) DEM

图 7-14　中巴经济走廊洪水灾害危险性评估指标空间分布

两岸,植被越丰富,水源涵养能力越强,则发生洪灾的可能性越小。根据图 7-14（f）和图 7-14（g）,中巴经济走廊海拔较高和地形变化较大的地区主要集中在西北部,东南部海拔较低、地形变化较小,地势较为平坦。总体上,地形致灾危险性呈现出东南部地区高于西北部地区的特点。累计降水量、最大三日降水量、河网、高程、坡度、土地利用和归一化植被指数 7 个危险性评估指标的权重见表 7-7。

表 7-7　不同赋权法下的指标权重对比

指标	IFAHP	CRITIC	ICWGT
累计降水量	0.217	0.162	0.190
最大三日降水量	0.136	0.161	0.148
河网密度	0.208	0.222	0.215
高程	0.170	0.146	0.158
坡度	0.158	0.154	0.156
土地利用	0.054	0.074	0.062
归一化植被指数	0.058	0.082	0.071

注：IFAHP 为直觉模糊层次分析法,CRITIC 为客观赋权法,ICWGT 为改进博弈论组合赋权法。

在利用改进博弈论组合赋权法计算的权重指标当中,累计降水量和最大三日降水量二者权重总占比为 0.338,占较大比重；在历史洪水调查中,降水指标作为致灾因子对于洪水起到了决定性作用,另据风险图统计也可见降水指标在洪灾风险评估中的重要性；地形因素高程（DEM）和坡度的影响是形成径流的产流条件,二者权重总占比为 0.314；与此类似,河网密度指标也占较大比重,这些指标权重都体现了其合理性。总的来说,改进博弈论组合赋权法充分考虑了主观权

重和客观权重的差异，如累计降水量、最大三日降水量等权重表现出了 IFAHP 和
CRITIC 两者权重兼顾的特征。改进后的权重使得指标主观赋值适当削减，客观
信息量赋值相应增加，即改进博弈论组合赋权将主客观赋值趋于平衡点而达到最
优赋权目的。

7.3.2　洪水灾害脆弱性

　　洪水灾害的脆弱性评估是据洪水对承灾体所造成的损失来估量的，选用人口
密度、道路密度、耕地面积占比和建筑密度为脆弱性的主要评估指标。如图 7-15
所示，中巴经济走廊人口主要集中在印度河流域和旁遮普平原，这也是洪水发生
的主要区域，以及会造成严重人员伤亡的原因之一；建筑在整个区域内较为集中，

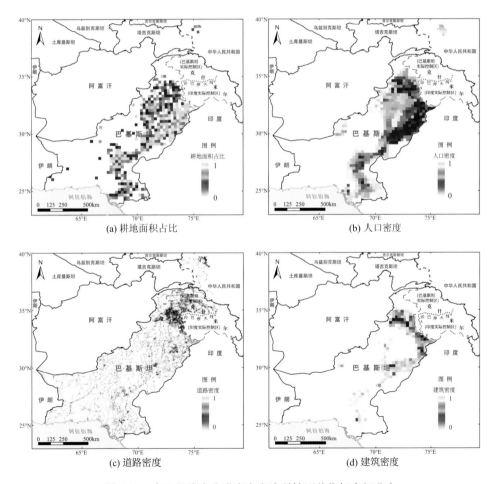

图 7-15　中巴经济走廊洪水灾害脆弱性评估指标空间分布

主要分布在巴基斯坦的伊斯兰堡首都区、旁遮普省及印度河沿岸等地区；道路主要分布在研究区的东部平原、东南部的伊斯兰堡首都区，该分布情况与人口分布状态大致吻合；从土地利用数据中提取耕地部分的数据并经过栅格叠加计算得到耕地面积占比，由此可见耕地主要分布在旁遮普平原和印度河平原。

7.3.3　洪水灾害风险评估与区划

为对最严重情况下的洪灾风险进行评估，利用自然间断的分类标准对百年一遇情况下的研究区风险等级大小进行了相应划分。以 IFAHP 方法为参照，与改进博弈论组合赋权法（ICWGT）得到的评估结果进行对比（图 7-16）。在 ICWGT 结果中，低风险、中低风险及高风险区的面积有所增加，极端风险区有扩大趋势，更符合百年一遇洪灾风险分区特点，显示了该方法对洪灾风险有更为准确的描述。从图 7-16（a）和图 7-16（b）的比较中可见，采用 ICWGT 法得到的风险评估结果在旁遮普平原区显示了更高的风险等级，因此能提供更多防灾减灾信息。

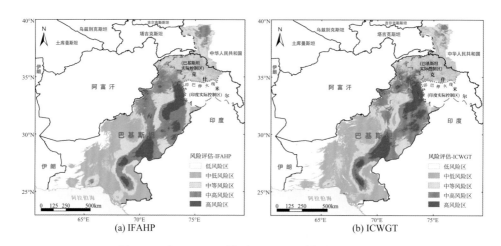

图 7-16　基于 IFAHP 模型和 ICWGT 模型的风险分区

统计得到各个等级风险分区的面积（表 7-8），给出了在百年一遇情景下可能遭受不同等级洪水风险的具体面积大小，中高和高风险区累计面积占比为 28.5%。

为进一步验证 ICWGT 法的评估结果，将洪水危险性评估结果与 2010 年研究区内的洪水实际受灾面积情况进行对比（表 7-9），该数据来源于 UNOCHA 统计的 2010 年 8 月实际洪灾影响范围及损失数据[81]。

表 7-8　各风险等级分区面积比较

风险等级	面积/10^4km^2		占比/%	
	IFAHP	ICWGT	IFAHP	ICWGT
低	13.33	13.47	14.79	14.94
中低	26.16	26.37	29.03	29.26
中等	24.73	24.60	27.43	27.29
中高	19.08	18.05	21.17	20.02
高	6.84	7.64	7.58	8.48

表 7-9　洪水评估结果与实际洪水面积比较

地区	风险等级组合值	实际洪水面积/10^4km^2
信德省	4.38	3.93
旁遮普省	4.07	6.14
联邦首都区	3.89	1.53
联邦直辖部落地区	3.23	0.20
俾路支省	1.96	1.22
开伯尔-普赫图赫瓦省	2.76	1.79
自由克什米尔	3.45	0.13
北部地区	1.89	0
中国喀什地区	2.13	0

　　不同风险区的划分等级描述为高、中高、中等、中低、低五类风险区，由于这种分类难以直接与面积进行比较，因此对等级分别赋为 5、4、3、2、1 后进行加权，统计得出各地区风险等级和洪水面积（洪水面积共 14.9 万 km^2）；对风险等级组合值与实际洪水面积值求取相关系数值为 0.66，说明评估结果与实际受灾情况基本一致，也说明该评估指标赋权具有较强合理性。空间分布结果表明，风险高的区域皆是地形变化小、降雨集中、河网密集且人口聚居区域，这也说明评估结果可靠。

　　为描述不同重现期洪水的灾害风险，依据上文提及的不同典型情景的选择方式，从 2011 年 8 月 29 日～9 月 7 日的降水过程中提取相应的最大三日降水量和累计降水指标，经过计算得到二十年重现期下的风险评估指标分区[图 7-17（a）]。

　　两种不同设计洪水的风险分区存在分区面积及空间分布上的差异，但总体的分区趋势一致（图 7-17）。相比于 2010 年百年一遇洪水过程，在 2011 年洪灾风险分区当中，低风险区面积增加了 4.09 万 km^2，中低风险区面积增加了 3.22 万 km^2，

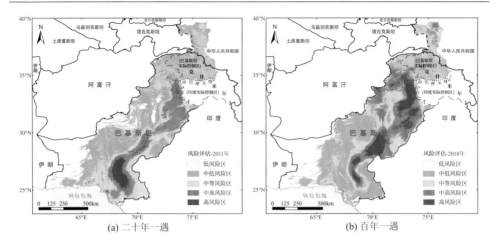

(a) 二十年一遇　　　　　　　　(b) 百年一遇

图 7-17　中巴经济走廊二十年一遇和百年一遇洪水灾害风险分区

中等风险区面积增加了 0.83 万 km²，中高风险区面积减少了 4.12 万 km²，高风险区面积减少了 2.80 万 km²。从空间上来看，低、中低风险区面积的增加地区主要为俾路支省西北部山区、开伯尔-普赫图赫瓦省南部地区，中等风险区面积增加地区主要在信德省与俾路支省南部交界地带，2011 年该地区遭遇强降雨所带来的洪水淹没风险要大于从印度河干流下泄的洪水所造成的洪灾风险。中高、高等洪灾风险区面积减少地区集中在开伯尔-普赫图赫瓦省南部地区与旁遮普省东部。2011 年季风期在开伯尔-普赫图赫瓦省、印度河干流区未发生持续性的强降雨，因而风险区等级在此时下降。

7.3.4　洪水灾害风险预估

在全球气候变化的大背景下，极端降水强度不断增大，经过对模式数据的处理研究，本书得到在 SSP5-8.5 情景下的极端降水量最为明显。因此选用 CNRM-CM6-1 气候模式下 SSP5-8.5 路径下的 2021～2050 年的日降水量值计算百年一遇和二十年一遇面雨量过程，同时将相应的 DEM、土地利用等数据代入 FloodArea 模型进行模拟，可以得到未来气候模式情景下百年一遇（高情景）和二十年一遇（低情景）的洪水淹没图（图 7-18），用以指导未来气候变化场景下的洪灾防御工作。

相较于历史时期设计洪水淹没分布，未来情景下设计洪水淹没范围有了部分的增加。对不同水深的淹没面积进行统计发现，不同风险区淹没面积的增加幅度不同。相较于历史时期的洪水淹没，未来情景下设计百年一遇洪水在 1 m 淹没水深以下扩张面积较大，高水深淹没扩大面积较不明显。

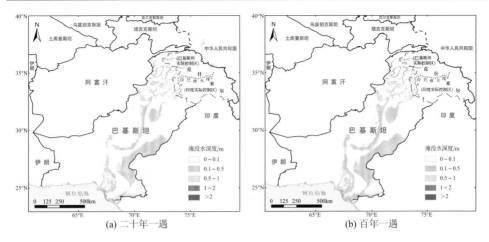

图 7-18 SSP5-8.5 情景下二十年一遇和百年一遇洪水淹没过程

　　根据洪水淹没模拟的水深,划分相应的淹没风险区(图 7-19)。相对于历史观测期,未来情景下二十年一遇洪灾淹没风险分区中高风险区面积有部分扩大,主要扩大区域位于信德省南部、印度河入海的部分区域,中高风险区在旁遮普省中部有扩展趋势;百年一遇洪灾淹没风险高风险区扩展最为明显,主要位于旁遮普省平原,高风险区面积扩展约为 3.1%,中低风险区在信德省南部、俾路支省南部地区增加了 4.2%的面积,中等风险区面积有相应的减少。总体来看,未来情景下高风险区面积出现扩大的趋势,主要位于受夏季风影响的东部、南部且人口分布密集区域,需要进一步提高洪灾预防等级,避免出现更大损失。

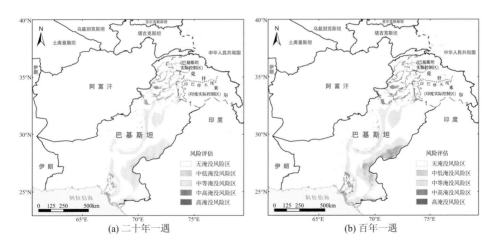

图 7-19 SSP5-8.5 情景下洪水淹没风险分区

　　本章基于洪水灾害风险评估系统理论，构建了基于气象水文、地理信息和社会经济指标为主体的风险评估体系，通过改进博弈论组合赋权法计算不同评估单元的洪灾风险。同时，根据洪水观测资料，对不同重现期下的洪水演进过程进行模拟，得到不同强度致灾因子的淹没历时、淹没面积及淹没水深，辨识了研究区发生洪灾时的实际淹没情况。此外，基于全球气候模式降水预估数据，预估了未来气候变化情景下不同重现期洪水灾害风险。研究结果表明：改进博弈论组合赋权法最大限度地消除了主客观评估方法的影响，实现了单位约束条件下评估指标组合赋权的寻优。在此基础上得到的洪水灾害风险分区更加精细，指标赋权过程和结果更具科学性和合理性。不同情景下的洪水淹没模拟表明，中巴经济走廊洪水灾害风险较高的地区主要分布在旁遮普省南部、信德省东南部；本书所采用的两种不同洪灾风险评估方式所得风险分区结果存在差异，但洪水灾害风险分区特征基本一致。

　　大量研究表明，相对于发达国家，南亚、非洲、拉丁美洲等发展中国家未来将面临更严峻的洪灾风险[7,15]。如 McDermott[82]研究发现全球 23%的人口（18.1 亿人）可能在百年一遇（在某一给定年份发生概率为 1%）的洪水事件中暴露于深度超 0.15 m 的洪水中，这将对脆弱人群的生命和生计构成巨大的风险。低收入和中等收入国家占全球洪水风险暴露人口的 89%，其中，12.4 亿人位于南亚和东亚，中国（3.95 亿人）和印度（3.9 亿人）占全球风险暴露人口的三分之一以上。本书基于洪水淹没的风险预估结果也表明：相较于历史洪水灾害风险，未来洪灾淹没风险呈现加剧态势，主要体现在高、中高风险区面积的扩大。

　　本章所提出的中巴经济走廊洪灾风险评估方法及洪灾风险分区结果能够为中巴经济走廊洪水灾害应对提供参考。但评估过程中尚未考虑水利工程对洪灾的影响，而仅将其归类在土地利用类型当中，这可能会造成相应的误差，实际上堤防、水库、分蓄洪工程等可降低洪灾风险。未来还有待于进一步细化各评估指标的作用，进行更深入的研究。

参 考 文 献

[1] Paprotny D, Sebastian A, Morales-Nápoles O, et al. Trends in flood losses in Europe over the past 150 years[J]. Nature Communications, 2018, 9: 1985.

[2] Dottori F, Szewczyk W, Ciscar J C, et al. Increased human and economic losses from river flooding with anthropogenic warming[J]. Nature Climate Change, 2018, 8: 781-786.

[3] Marvel K, Cook B I, Bonfils C J W, et al. Twentieth-century hydroclimate changes consistent with human influence[J]. Nature, 2019, 569: 59-65.

[4] 李超超, 田军仓, 申若竹. 洪涝灾害风险评估研究进展[J]. 灾害学, 2020, 35(3): 131-136.

[5]　Rentschler J, Salhab M, Jafino B A. Flood exposure and poverty in 188 countries[J]. Nature Communications, 2022, 13: 3527.

[6]　Mallakpour I, Villarini G. The changing nature of flooding across the central United States[J]. Nature Climate Change, 2015, 5: 250-254.

[7]　Willner S N, Otto C, Levermann A. Global economic response to river floods[J]. Nature Climate Change, 2018, 8: 594-598.

[8]　Bevere L, Remondi F. Natural Catastrophes in 2021: The Floodgates are Open[R]. Zurich, Switzerland: Swiss Re Management Ltd., Swiss Re Institute, 2022.

[9]　Tellman B, Sullivan J A, Kuhn C, et al. Satellite imaging reveals increased proportion of population exposed to floods[J]. Nature, 2021, 596: 80-86.

[10]　Parmesan C, Morecroft M D, Trisurat Y, et al. Terrestrial and Freshwater Ecosystems and Their Services[M]//Pörtner H O, Roberts D C, Tignor M, et al. Climate Change 2022: Impacts, Adaptation, and Vulnerability. Contribution of Working Group II to the Sixth Assessment Report of the Intergovernmental Panel on Climate Change. Cambridge: Cambridge University Press, 2022.

[11]　Hirabayashi Y, Mahendran R, Koirala S, et al. Global flood risk under climate change[J]. Nature Climate Change, 2013, 3: 816-821.

[12]　Jongman B, Hochrainer-Stigler S, Feyen L, et al. Increasing stress on disaster-risk finance due to large floods[J]. Nature Climate Change, 2014, 4: 264-268.

[13]　Hallegatte S, Green C, Nicholls R, et al. Future flood losses in major coastal cities[J]. Nature Climate Change, 2013, 3: 802-806.

[14]　Kulp S A, Strauss B H. New elevation data triple estimates of global vulnerability to sea-level rise and coastal flooding[J]. Nature Communications, 2019, 10: 4844.

[15]　Smith A, Bates P D, Wing O, et al. New estimates of flood exposure in developing countries using high-resolution population data[J]. Nature Communications, 2019, 10: 1814.

[16]　Alfieri L, Bisselink B, Dottori F, et al. Global projections of river flood risk in a warmer world[J]. Earth Future, 2016, 5: 171-182.

[17]　Kreibich H, Van Loon A F, Schröter K, et al. The challenge of unprecedented floods and droughts in risk management[J]. Nature, 2022, 608: 80-86.

[18]　Charles S P, Wang Q J, Ahmad M D, et al. Seasonal streamflow forecasting in the upper Indus Basin of Pakistan: An assessment of methods[J]. Hydrology and Earth System, 2018, 22(6): 3533-3549.

[19]　Ward P J, Jongman B, Kummu M, et al. Strong influence of El Niño southern oscillation on flood risk around the world[J]. PNAS, 2014, 111(44): 15659-15664.

[20]　Alfieri L, Burek P, Dutra E, et al. GloFAS-global ensemble streamflow forecasting and flood early warning[J]. Hydrology and Earth System Sciences, 2013, 17: 1161-1175.

[21]　Ward P J, Jongman B, Salamon P, et al. Usefulness and limitations of global flood risk models[J]. Nature Climate Change, 2015, 5: 712-715.

[22] 殷杰, 尹占娥, 于大鹏, 等. 风暴洪水主要承灾体脆弱性分析——黄浦江案例[J]. 地理科学, 2012, 32(9): 1155-1160.

[23] 周月华, 彭涛, 史瑞琴. 我国暴雨洪涝灾害风险评估研究进展[J]. 暴雨灾害, 2019, 38(5): 494-501.

[24] Jongman B, Winsemius H C, Aerts J C J H, et al. Declining vulnerability to river floods and the global benefits of adaptation[J]. Proceedings of the National Academy of Sciences, 2015, 112(18): E2271-E2280.

[25] 刘家福, 张柏. 暴雨洪灾风险评估研究进展[J]. 地理科学, 2015, 35(3): 346-351.

[26] Wing O E J, Lehman W, Bates P D, et al. Inequitable patterns of US flood risk in the Anthropocene[J]. Nature Climate Change, 2022, 12: 156-162.

[27] Merz B, Blöschl G, Vorogushyn S, et al. Causes, impacts and patterns of disastrous river floods[J]. Nature Reviews Earth & Environment, 2021, 2: 592-609.

[28] 孙章丽, 朱秀芳, 潘耀忠, 等. 洪水灾害风险分析进展与展望[J]. 灾害学, 2017, 32(3): 125-130.

[29] 王曦, 周洪建. 重特大自然灾害损失统计与评估进展与展望[J]. 地球科学进展, 2018, 33(9): 914-921.

[30] Semadeni-Davies A, Hernebring C, Svensson G, et al. The impacts of climate change and urbanisation on drainage in Helsingborg, Sweden: Suburban stormwater[J]. Journal of Hydrology, 2008, 350(1-2): 114-125.

[31] 王艳君, 高超, 王安乾, 等. 中国暴雨洪涝灾害的暴露度与脆弱性时空变化特征[J]. 气候变化研究进展, 2014, 10(6): 391-398.

[32] 尹卫霞, 余瀚, 崔淑娟, 等. 暴雨洪水灾害人口损失评估方法研究进展[J]. 地理科学进展, 2016, 35(2): 148-158.

[33] Sampson C C, Fewtrell T J, O'Loughlin F O, et al. The impact of uncertain precipitation data on insurance loss estimates using a flood catastrophe model[J]. Hydrology and Earth System Sciences, 2014, 18: 2305-2324.

[34] 李柏年. 淮河流域洪涝灾害分析模型研究[J]. 灾害学, 2005, 2: 18-21.

[35] 高超, 张正涛, 刘青, 等. 承灾体脆弱性评估指标的最优格网化方法——以淮河干流区暴雨洪涝灾害为例[J]. 自然灾害学报, 2018, 27(3): 119-129.

[36] 方建, 李梦婕, 王静爱, 等. 全球暴雨洪水灾害风险评估与制图[J]. 自然灾害学报, 2015, 24(1): 1-8.

[37] Ramkar P, Yadav S M. Flood risk index in data-scarce river basins using the AHP and GIS approach[J]. Nature Hazards, 2021, 109: 1119-1140.

[38] 刘家福, 李京, 梁雨华, 等. 亚洲典型区域暴雨洪灾风险评价研究[J]. 地理科学, 2011, 31(10): 1266-1271.

[39] 张正涛, 高超, 刘青, 等. 不同重现期下淮河流域暴雨洪涝灾害风险评价[J]. 地理研究, 2014, 33(7): 1361-1372.

[40] 彭建, 魏海, 武文欢, 等. 基于土地利用变化情景的城市暴雨洪涝灾害风险评估——以深

圳市茅洲河流域为例[J]. 生态学报, 2018, 38(11): 3741-3755.

[41] 张君枝, 袁冯, 王冀, 等. 全球升温 1.5℃ 和 2.0℃ 背景下北京市暴雨洪涝淹没风险研究[J]. 气候变化研究进展, 2020, 16(1): 78-87.

[42] Abdulrazzak M, Elfeki A, Kamis A, et al. Flash flood risk assessment in urban arid environment: Case study of Taibah and Islamic Universities' campuses, Medina, Kingdom of Saudi Arabia[J]. Geomatics, Natural Hazards and Risk, 2019, 10(1): 780-796.

[43] 彭亮, 马云飞, 卫仁娟, 等. 基于 GIS 栅格数据的叶尔羌河灌区洪水风险动态模拟与识别[J]. 灌溉排水学报, 2020, 39(6): 124-131.

[44] 谢五三, 田红, 卢燕宇. 基于 FloodArea 模型的大通河流域暴雨洪涝灾害风险评估[J]. 暴雨灾害, 2015, 34(4): 384-387.

[45] Allard E, Ducatez J P. Applications of a physics based distributed integrated hydrological model in flood risk management[M]//Gourbesville P, Caignaert G. Advances in Hydroinformatics. Singapore: Springer Water, 2022.

[46] 姬兴杰, 丁亚磊, 李凤秀, 等. 不同重现期下河南洛河上游暴雨山洪灾害风险评估[J]. 自然灾害学报, 2022, 31(3): 48-59.

[47] Lu R Y, Hina S, Hong X W. Upper-and lower-tropospheric circulation anomalies associated with interannual variation of Pakistan rainfall during summer[J]. Advances in Atmospheric Sciences, 2022, 37(11): 1179-1190.

[48] Lau W K M, Kim K M. The 2010 Pakistan flood and Russian heat wave: Teleconnection of hydrometeorological extremes[J]. Journal of Hydrometeorology, 2012, 13(1): 392-403.

[49] Ali A. Indus Basin Floods: Mechanisms, Impacts, and Management[R]. Metro Manila, Philippines: Asian Development Bank, 2013.

[50] Habib Z, Wahaj R. Water Availability, Use and Challenges in Pakistan-Water Sector Challenges in the Indus Basin and Impact of Climate Change[R]. Islāmābād: FAO, 2021.

[51] Shrestha M, Koike T, Hirabayashi Y, et al. Integrated simulation of snow and glacier melt in water and energy balance-based, distributed hydrological modeling framework at Hunza River Basin of Pakistan Karakoram region[J]. Journal of Geophysical Research: Atmosphere, 2015, 120: 4889-4919.

[52] Tahir A A, Chevallier P, Arnaud Y, et al. Snow cover dynamics and hydrological regime of the Hunza River basin, Karakoram Range, Northern Pakistan[J]. Hydrology and Earth System Sciences, 2011, 15: 2275-2290.

[53] 2022 年巴基斯坦洪涝灾害[EB/OL]. (2022-11-14). https://baike.baidu.com/item/2022 年巴基斯坦洪涝灾害.

[54] Hartmann H, Buchanan H. Trends in extreme precipitation events in the Indus River Basin and flooding in Pakistan[J]. Atmosphere-Ocean, 2014, 52(1): 77-91.

[55] Houze Jr R A, Rasmussen K L, Medina S, et al. Anomalous atmospheric events leading to the summer 2010 floods in Pakistan[J]. Bulletin of the American Meteorological Society, 2011, 92: 291-298.

[56]　Webster, P J, Toma V E, Kim H M. Were the 2010 Pakistan floods predictable?[J]. Geophysical Research Letters, 2011, 38(4): L04806.

[57]　Iqbal A, Hassan S A. ENSO and IOD analysis on the occurrence of floods in Pakistan[J]. Nature Hazards, 2018, 91: 879-890.

[58]　Viterbo F, Hardenberg J V, Provenzale A, et al. High-resolution simulations of the 2010 Pakistan flood event: Sensitivity to parameterizations and initialization time[J]. Journal of Hydrometeorology, 2016, 17(4): 1147-1167.

[59]　李晓萌, 马玥, 孙永华, 等. 基于格网的洪水灾害危险性评价分析——以巴基斯坦为例[J]. 地球信息科学学报, 2013, 15(2): 314-320.

[60]　Hussain Y, Satgé F, Hussain M B, et al. Performance of CMORPH, TMPA, and PERSIANN rainfall datasets over plain, mountainous, and glacial regions of Pakistan[J]. Theoretical and Applied Climatology, 2018, 131: 1119-1132.

[61]　薛丰昌, 朱一晗, 顾人颖, 等. Floodarea 模型的城市内涝可视化数值模拟[J]. 测绘科学, 2020, 45(8): 181-187.

[62]　Geomer. Floodarea-ArcView extension for Calculating Flooded Areas[M]. Heidelberg: Geomer, 2003.

[63]　刘鸣彦. 基于 FloodArea 模型的洪水致灾临界面雨量确定[C]. 天津: 第 32 届中国气象学会年会, 2015.

[64]　路遥, 徐林荣, 陈舒阳, 等. 基于博弈论组合赋权的泥石流危险度评价[J]. 灾害学, 2014, 29(1): 194-200.

[65]　郑耿峰. 基于直觉模糊层次分析的特种设备事故应急预案评价[J]. 计算机科学, 2020, 47(S1): 616-621.

[66]　任丽超, 栗振锋. 基于博弈论和模糊数学的桥梁风险评价模型[J]. 公路工程, 2017, 42(1): 163-169.

[67]　甘蓉, 宣昊, 刘国东, 等. 基于博弈论综合权重的物元可拓模型在地下水质量评价中的应用[J]. 水电能源科学, 2015, 33(1): 40-42.

[68]　李爱华. 岸边集装箱起重机安全评价方法研究[D]. 武汉: 武汉理工大学, 2017.

[69]　王应明. 多指标决策与评价的新方法——投影法[J]. 统计与决策, 1998, 4: 66-69.

[70]　Rahman A U, Shaw R. Hazard, Vulnerability and Risk: The Pakistan Context[M]//Rahman A U, Khan A, Shaw R, et al. Disaster Risk Reduction Approaches in Pakistan. Disaster Risk Reduction. Tokyo: Springer, 2015.

[71]　张慧媛. 大气环流持续异常是巴基斯坦严重洪灾的主因[EB/OL]. (2010-08-27). http://www.weather.com.cn/index/gjtq/08/947092.shtml.

[72]　Federal Flood Commission. Annual Flood Report 2010[R]. Islāmābād: Government of Pakistan Ministry of Water and Power, 2010.

[73]　National Disaster Management Authority. Annual Report 2010[R]. Islāmābād: NDMA, 2010.

[74]　中国水科院巴基斯坦考察团. 巴基斯坦 2010 年水灾考察报告[J]. 中国防汛抗旱, 2011, 21(3): 71-73.

[75] 袁波波. 叶尔羌河冰川湖溃决洪水监测预警研究[D]. 乌鲁木齐: 新疆农业大学, 2015.

[76] Deen S. Pakistan 2010 floods. Policy gaps in disaster preparedness and response[J]. International Journal of Disaster Risk Reduction, 2015, 12: 341-349.

[77] Rahman A U, Khan A N. Analysis of 2010-flood causes, nature and magnitude in the Khyber Pakhtunkhwa, Pakistan[J]. Nature Hazards, 2013, 66: 887-904.

[78] Hashmi H N, Siddiqui Q T M, Ghumman A R, et al. A critical analysis of 2010 floods in Pakistan[J]. African Journal of Agricultural Research, 2012, 7(7): 1054-1067.

[79] Asian Development Bank, World Bank. Pakistan Floods 2010: Preliminary Damage and Needs Assessment[R]. Washington DC: World Bank Group, 2010.

[80] Asian Development Bank, World Bank. 2011 Pakistan Floods: Preliminary Damage and Needs Assessment[R]. Washington DC: ADB, 2012.

[81] Population Census Office. Pakistan-2010flood-affected Union Councils[EB/OL]. Geneve, Switzerland: OCHA. (2018-08-16). https://data.humdata.org/dataset/pakistan-admin-level-4-boundaries.

[82] McDermott T K J. Global exposure to flood risk and poverty[J]. Nature Communications, 2022, 13: 3529.

第8章　中巴经济走廊气象水文灾害综合风险评估

随着经济全球化、城镇化的快速发展，城市群的崛起、社会财富聚集、人口密度增加，承灾体暴露度不断增加，各种灾害风险相互交织、相互叠加，直接影响经济社会的安全和可持续发展[1-4]。尤其是当前环境条件下，气象水文灾害复杂性特征凸显，复合极端事件、灾害链、灾害群、灾害遭遇串发、并发现象频发，气象水文灾害风险叠加放大[5-9]。因此，仅考虑单一灾种或者单个区域，可能会低估风险的发生概率，未来需要开展更多的跨学科、跨部门、跨区域的多灾种综合风险评估[10,11]。实际上，当前自然灾害风险评估已表现出从单灾种向多灾种、灾害链、复合灾害综合风险评估转变[12]。其中"多灾种（multi-hazard）"概念早在1992年联合国环境与发展大会上通过的《21世纪议程》中出现，该报告指出多灾种风险研究是为灾害多发区制定人口定居与管理规划的重要基础[13]。此后，《兵库行动框架》建议，在易受灾地区制定可持续发展、防灾减灾和恢复重建战略时，应采用多灾种风险管理思想进行风险防范[14]。此外，国际科学理事会（ICSU）于2008年提出的"灾害风险综合研究计划"强调，要对多灾种灾害进行多尺度、多学科的综合研究[15]。提升多灾种综合风险防范能力已成为国际防灾减灾救灾的工作重点和发展趋势。

自21世纪以来，作为灾害风险研究重要发展方向的多灾种综合风险评估得到了广泛关注。如慕尼黑再保险公司在2002年就开发了灾害指标综合风险评估方法并对全球50个城市的灾害损失开展了评估[16]。美国联邦应急管理局（FEMA）与国家建筑科学研究院（NIBS）在1992年合作开发了基于GIS平台的多灾种风险评估系统HAZUS-MH，用于对美国各级别行政区进行地震、飓风和洪水灾害风险的综合评估，是目前应用较广、功能强大、多灾种损失评估同时进行的软件[17,18]。欧洲空间规划观测网（ESPON）在欧盟地区开展了全面考虑自然灾害和技术灾害的多灾种综合风险评估[19]。多灾种综合风险评估也是我国灾害风险研究领域关注的热点问题。"十三五"期间，科技部先后启动国家重点研发计划"大都市区多灾种重大自然灾害风险综合防范关键技术研究与示范""多灾种重大自然灾害综合风险评估与防范技术研究"等项目，围绕多灾种巨灾风险的形成机制、过程模拟、实时预警、应急响应及立足长远防范和适应对策开展研究，为提升我国综合减灾和风险管理能力提供了有力的科技支撑[20]。

目前有关多灾种自然灾害研究的内容主要包括多灾种"关联性"研究、多致灾因子危险性评估、多承灾体脆弱性评估及多灾种损失与综合风险评估四个方面[21]。如 Tilloy 等[22]基于多灾种文献数据库,归纳总结了三类量化自然灾害相互关系的建模方法并提出了三种定量建模方法的应用示例;盖程程等[23]提出了一种多灾种耦合风险评估方法,并从致灾因子和易损性进行了风险度量;王望珍等[24]构建了多灾种耦合模型并通过风险矩阵法及 Borda 序值法对神农架地区进行了多灾种风险区划。总体来看,有关多灾种综合风险评估并没有统一的指标体系和评估方法。

目前有关中巴经济走廊的气象水文灾害风险评估主要集中在单灾种风险评估,如陈金雨等[25]、李涛等[26]采用危险性、暴露度及脆弱性风险评估框架分别评估了中巴经济走廊极端高温、低温风险。吴瑞英等[27]采用 COMORPH 降水数据驱动 FloodArea 水动力模型,通过博弈论组合赋权方法对中巴经济走廊洪灾风险进行了评估。但该地区往往受到多种致灾因子的影响,单灾种风险评估并不足以反映其综合风险。联合国开发计划署(UNDP)最新发布的研究报告表明:在气候变化影响下,该地区面临热浪、干旱、洪水等一系列气象水文灾害的风险越来越大[28]。鉴于此,开展中巴经济走廊气象水文综合风险评估迫在眉睫。

8.1　数据与方法

8.1.1　数据

本书针对中巴经济走廊地区气象水文灾害(暴雨、高温、低温、干旱及洪水)进行综合风险评估,其中气象数据(逐日降水、最高和最低气温)来源于中巴经济走廊 1961~2015 年逐日气象数据集[29];干旱灾害致灾因子危险性评估采用西班牙比利牛斯生态研究所提供的逐月 SPEI 数据;洪水灾害致灾因子危险性评估采用中巴经济走廊 2010 年特大洪水淹没数据[28]。

本书选取了人口密度、GDP、耕地、道路密度作为承灾体脆弱性评估指标,承灾体数据与单灾种风险评估过程中采用的数据一致,具体信息如表 8-1 所示。

表 8-1　气象水文灾害综合风险评估数据信息

数据名称	时间分辨率	空间分辨率	时间段	数据来源
降水	日	0.25°	1961~2015 年	
高温	日	0.25°	1961~2015 年	文献[29]
低温	日	0.25°	1961~2015 年	

数据名称	时间分辨率	空间分辨率	时间段	数据来源
SPEI	月	0.25°	1961～2015 年	https://spei.csic.es/spei_database
洪水淹没	日	0.25°	2010 年	文献[28]
人口密度	年	30 弧秒	2015 年	https://sedac.ciesin.columbia.edu
GDP	年	5 弧秒	1990～2015 年	*Scientific Data*
耕地	年	100 m	2015～2019 年	https://lcviewer.vito.be
道路密度	年	—	2010 年	https://sedac.ciesin.columbia.edu

8.1.2 风险评估框架

气象水文灾害综合风险评估中，灾害风险（R）一般由致灾因子危险性（H）和承灾体脆弱性（V）确定，即 $R=f(H,V)$[23]。对于每一评价单元，综合危险性计算公式为

$$H = \sum_{i=1}^{n} w_i H_i \tag{8-1}$$

式中，H 代表综合危险性指数；n 代表灾种数；w_i 代表灾种 i 对应的权重。

脆弱性计算公式如下：

$$V = \sum_{i=1}^{n} V_i w_i \tag{8-2}$$

式中，V 代表综合脆弱性指数；n 代表脆弱性指标个数；w_i 代表脆弱性指标 i 对应的权重。

多灾种危险性和脆弱性指标权重计算与单灾种评估过程中的方法一致（见 3.1.5 节），在此不再赘述。计算结果如表 8-2 所示。

表 8-2 中巴经济走廊气象水文灾害危险性和承灾体脆弱性指标权重

因子	指标层	AHP	熵权法	组合权重
危险性	暴雨	0.211	0.070	0.163
	高温	0.273	0.086	0.210
	低温	0.026	0.294	0.117
	干旱	0.182	0.014	0.125
	洪水	0.308	0.536	0.385
脆弱性	人口密度	0.526	0.369	0.467
	GDP	0.183	0.001	0.113
	耕地面积占比	0.204	0.345	0.258
	道路密度	0.087	0.285	0.162

通过计算多灾种危险性和脆弱性指数，本书根据风险矩阵法绘制了中巴经济走廊气象水文灾害综合风险等级图并通过 Borda 序值法消除风险结，优化综合风险等级。

8.1.3　指标体系构建

从单灾种自然灾害风险到多灾种自然灾害风险存在一个综合或者耦合的过程，这是多灾种自然灾害风险评估的关键。在进行多灾种综合风险评估时，综合对象和综合方法有不同选择[30]。本书选择多灾种危险性与承灾体综合脆弱性来量化气象水文灾害综合风险（图 8-1）。

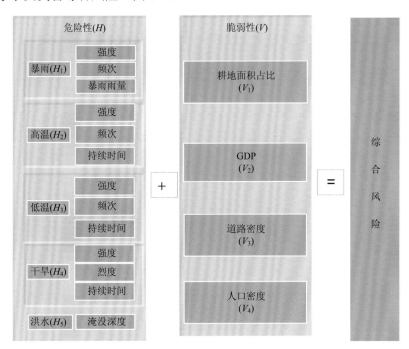

图 8-1　中巴经济走廊气象水文灾害综合风险评估框架

1. 危险性分级

中巴经济走廊气象水文灾害主要有暴雨、高温、低温、干旱及洪水，各灾种危险性指标如表 8-3 所示，其中气象灾害（暴雨、高温、低温、干旱）危险性指标的具体定义可参考第 3～6 章；洪水危险性选取洪水淹没深度作为评估指标，即采用 COMORPH 数据驱动 FloodArea 水动力模型计算得到的中巴经济走廊 2010 年特大洪水淹没深度[28]。在致灾因子危险性评估过程中，首先将所有危险性指标进行归一化，通过 AHP 和熵权法确定暴雨、高温、低温、干旱、洪水灾害危险性指标权重，再计算暴雨、高温、低温、干旱、洪水灾害危险性指数，并使用自然断点法进行分级（表 8-3）。

表 8-3　中巴经济走廊单灾种危险性指标分级方案

灾种	危险性评价指标	危险性指数	范围	等级值
暴雨	强度	H_1	0~0.103	1
			0.103~0.193	2
	频次		0.193~0.339	3
			0.339~0.609	4
	暴雨雨量		0.609~1	5
高温	强度	H_2	0~0.775	1
			0.775~0.819	2
	频次		0.819~0.859	3
			0.859~0.91	4
	持续时间		0.91~1	5
低温	强度	H_3	0~0.373	1
			0.373~0.530	2
	频次		0.530~0.693	3
			0.693~0.826	4
	持续时间		0.826~1	5
干旱	强度	H_4	0~0.194	1
			0.194~0.304	2
	烈度		0.304~0.402	3
			0.402~0.571	4
	持续时间		0.571~1	5
洪水	淹没深度	H_5	0~0.036	1
			0.036~0.105	2
			0.105~0.300	3
			0.300~0.631	4
			0.631~1	5

2. 脆弱性分级

本书选取人口密度、国内生产总值（GDP）、耕地面积占比及道路密度作为承灾体脆弱性衡量指标，并进行归一化处理。脆弱性指标也采用自然断点法分为 5 级（表 8-4）。

表 8-4　中巴经济走廊承灾体脆弱性指标分级方案

脆弱性指标	脆弱性指数	范围	等级值
人口密度	V_1	0～0.018	1
		0.018～0.072	2
		0.072～0.179	3
		0.179～0.355	4
		0.355～1	5
GDP	V_2	0～0.537	1
		0.537～0.847	2
		0.847～0.957	3
		0.957～0.986	4
		0.986～1	5
耕地面积占比	V_3	0～0.18	1
		0.18～0.37	2
		0.37～0.58	3
		0.58～0.81	4
		0.81～1	5
道路密度	V_4	0～0.021	1
		0.021～0.09	2
		0.09～0.286	3
		0.286～0.617	4
		0.617～1	5

8.1.4　综合风险等级划分

　　风险矩阵法是将自然灾害风险的两大基本要素——致灾因子综合危险性和承灾体综合脆弱性，根据自然断点法进行等级划分，形成风险评价矩阵[31-34]。本书通过构建风险矩阵进行综合风险区划研究，参考文献[24]将综合风险分为低、中低、中、高 4 个等级，分别表示为 I、II、III、IV，具体标准如表 8-5 所示。该分级方式在危险性和脆弱性进行合并时稍有不同，当危险性等级为 4、脆弱性等级为 3 时，其综合风险等级为中；相反，当脆弱性等级为 4、危险性等级为 3 时，风险等级为高，前者为危险性等级为 4 与脆弱性等级为 3 的组合的综合风险等级。

　　风险矩阵法等级划分比较简洁直观，但容易出现风险结。风险结是指在同一风险等级中，属性基本相同，但还能进行细分的风险模块[35,36]。本书通过 Borda 序值法细化风险矩阵综合风险区划结果，以减少风险结的数量。

表 8-5 中巴经济走廊综合风险分级标准

元素		脆弱性				
		1	2	3	4	5
危险性	1	I	I	I	II	III
	2	I	I	II	III	IV
	3	I	II	III	IV	IV
	4	II	III	III	IV	IV
	5	III	III	IV	IV	IV

1. 危险度序值

危险度序值是对所有评价单元的多灾种综合危险性进行排序的结果。以 P_1、P_2、P_3、P_4、P_5 分别代表低、中低、中、中高及高风险等级，每一风险等级评价单元的个数分别为 M_1、M_2、M_3、M_4、M_5，其中危险性序值 E_i 计算如下：

$$E_i = D_i + \frac{1+M_i}{2} \tag{8-3}$$

式中，D_i 计算原理如下：

$$D_i = \begin{cases} \sum_{r=1}^{i-1} M_r, i > 1 \\ 0, i = 1 \end{cases} \tag{8-4}$$

2. 脆弱度序值

脆弱度序值是对研究区内所有评价单元的承灾体脆弱性进行排序的结果。以 Q_1、Q_2、Q_3、Q_4、Q_5 分别代表低、中低、中、中高及高脆弱性等级，每一风险等级评价单元的个数分别为 N_1、N_2、N_3、N_4、N_5，其中脆弱度序值 F_j 计算如下：

$$F_j = C_j + \frac{1+N_j}{2} \tag{8-5}$$

式中，C_j 计算原理如下：

$$C_j = \begin{cases} \sum_{t=1}^{j-1} N_t, j > 1 \\ 0, j = 1 \end{cases} \tag{8-6}$$

3. Borda 数

Borda 数是对每一评价单元综合风险程度的量化，计算公式如下：

$$B_k = (S - E_k) + (S - F_k)(k = 1, 2, \cdots, 1419) \tag{8-7}$$

式中，B_k 为第 k 个评价单元的 Borda 数；S 为评价单元的个数，中巴经济走廊地区共有 1419 个栅格，故 S 取 1419。

4. Borda 序值

其赋值方法是将所有评价单元的 Borda 数按由大到小排列，相同 Borda 数对应的 Borda 序值分别为 0, 1, …, n。若评价单位的 Borda 数排在第一位，其对应的 Borda 序值应为 0，表明该评价单元综合风险最小[24]。

8.2 气象水文灾害时空变化

据 1980～2015 年气象水文灾害损失统计数据，中巴经济走廊发生了多次洪水。其中发生于 2010 年的特大洪水受灾人数达 1200 万人，近 2000 人罹难。2015年，肆虐巴基斯坦南部省份信德省的高温造成 1200 多人死亡，卡拉奇最高温度达到 45℃，仅次于 1979 年创下的 47℃纪录。另据联合国世界气象组织（WMO）数据，在 2022 年 4 月的最后一天，巴基斯坦出现了近 50℃的高温，不仅打破了巴基斯坦全国 4 月纪录，也打破了北半球 4 月高温纪录。除洪灾、高温以外，中巴经济走廊还经常遭遇干旱、暴雨等其他气象灾害的侵袭（图 8-2）。

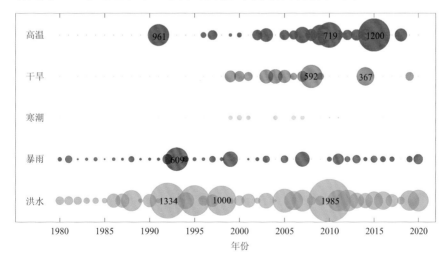

图 8-2 中巴经济走廊 1980～2015 年气象水文灾害死亡人数（单位：人）

从空间分布范围（图 8-3）来看，整个中巴经济走廊均受到气象水文灾害影响，其中北部地区主要受暴雨、洪水及寒潮影响，而俾路支省和信德省主要受干旱、高温及洪水影响，整个中巴经济走廊大部分地区受洪水灾害威胁。

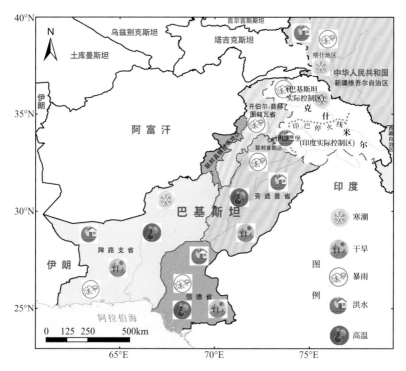

图 8-3　中巴经济走廊 1961～2015 年主要灾害空间分布

8.3　气象水文灾害综合风险评估

8.3.1　致灾因子危险性

暴雨、高温、低温、干旱及洪水的多灾种危险性结果表明，各灾种危险性组合权重大小排序为洪水>高温>暴雨>干旱>低温，权重分别为 0.385、0.210、0.163、0.125、0.117。其中 AHP 主观权重大小排序为洪水>高温>暴雨>干旱>低温，权重分别为 0.308、0.273、0.211、0.182、0.026。熵权法客观权重大小排序依次为洪水>低温>高温>暴雨>干旱，权重分别为 0.536、0.294、0.086、0.07、0.014。从中巴经济走廊气象水文灾害危险性空间分布（图 8-4）来看，中高风险区主要位于中巴经济走廊的东部；其中信德省、旁遮普省、开伯尔-普赫图赫瓦省、吉尔吉特-

巴尔蒂斯坦等地区危险性等级较高，而俾路支省及中国喀什地区主要为低、较低风险区。

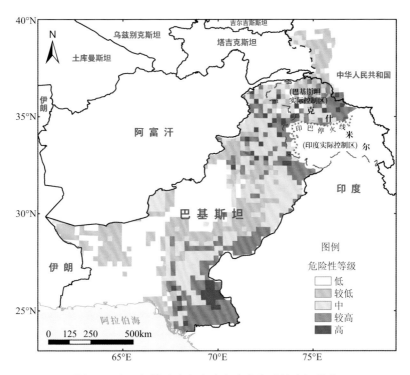

图 8-4　中巴经济走廊气象水文灾害危险性空间分布

8.3.2　承灾体脆弱性

脆弱性指标人口密度、GDP、耕地面积占比及道路密度权重依次为 0.467、0.113、0.258、0.162。从中巴经济走廊承灾体脆弱性等级空间分布（图 8-5）来看，脆弱性等级较高风险区主要分布于旁遮普省、信德省及开伯尔-普赫图赫瓦省；俾路支省、吉尔吉特-巴尔蒂斯坦及中国喀什地区脆弱性等级较低。

8.3.3　综合风险评估

中巴经济走廊气象水文灾害综合风险评估结果（图 8-6）表明，综合风险等级呈现出明显的空间异质性。高风险区主要分布于旁遮普省和信德省的绝大部分地区。该区域暴雨危险性较低、高温危险性较高、低温危险性低、干旱危险性等级相对较高、洪水危险性等级与暴雨危险性等级空间分布特征相似，进行加权计算后得出该地区多灾种危险性等级相对较高。相比多灾种危险性等级，该区域承

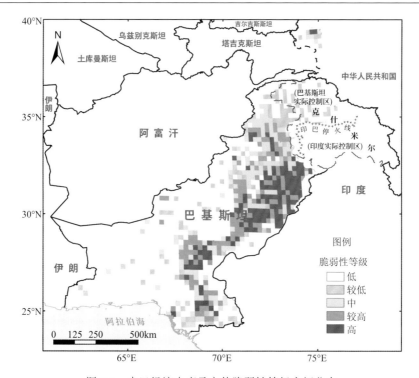

图 8-5　中巴经济走廊承灾体脆弱性等级空间分布

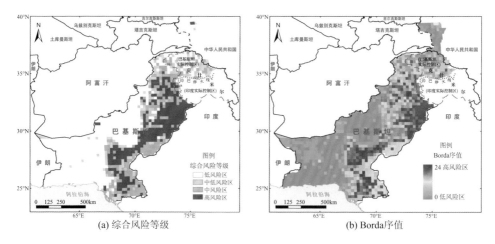

图 8-6　中巴经济走廊气象水文灾害综合风险等级

灾体脆弱性等级高。中风险区主要分布于旁遮普省的北部、南部地区，开伯尔-普赫图赫瓦省的中部、东南部地区，以及信德省部分地区。中低风险区主要分布于俾路支省、吉尔吉特-巴尔蒂斯坦和中国喀什地区。低风险区与中低风险区空间分布特征基本相同,主要分布于俾路支省、吉尔吉特-巴尔蒂斯坦及中国喀什地区。

　　Borda 序值法优化后的综合风险空间分布特征与风险矩阵法计算得出的综合风险空间分布特征较为相似,因消除了部分风险结,风险区划结果更加精细 [图 8-6(b)]。其中旁遮普省东部地区综合风险等级最高,达到了 24 级,而中国喀什地区、巴基斯坦俾路支省大部分地区综合风险等级最低,其 Borda 序值等级为 0。从中巴经济走廊及各行政单元不同等级综合风险面积占比来看,低风险区>高风险区>中风险区>中低风险区,所占比例分别为 50%、20%、17%、13%(图 8-7)。中巴经济走廊综合风险等级与中巴经济走廊多灾种危险性及承灾体脆弱性空间分布特征存在差异,这也说明该地区气象水文灾害综合风险是多灾种综合危险性和承灾体综合脆弱性二者叠加的结果。

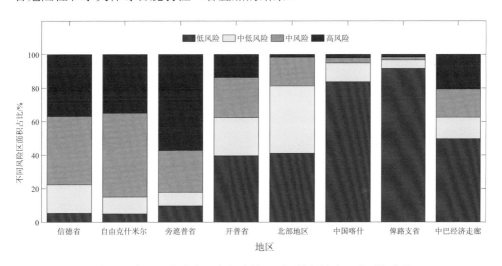

图 8-7　中巴经济走廊及各行政单元不同等级综合风险面积占比

　　本章基于中巴经济走廊 1961~2015 年气象水文数据(最高和最低气温、降水、SPEI、洪水淹没深度)结合人口密度、耕地面积占比、道路密度及 GDP 等承灾体数据,构建了致灾因子危险性、承灾体脆弱性的中巴经济走廊气象水文灾害综合风险评估框架,采用层次分析法和熵权法分别确定各指标权重,并结合风险矩阵法和 Borda 序值法开展中巴经济走廊气象水文灾害综合风险评估,还绘制了中巴经济走廊综合风险等级空间分布图。结果如下:

　　(1)多灾种危险性评估结果表明,洪水是中巴经济走廊主要灾种,其组合权重高达 0.385。综合危险性中高风险区主要位于中巴经济走廊东部地区,中低风险区主要分布于巴基斯坦俾路支省及中国喀什地区。

（2）承灾体综合脆弱性结果表明，中巴经济走廊脆弱性等级较高地区主要分布于旁遮普省、信德省及开伯尔-普赫图赫瓦省；俾路支省、吉尔吉特-巴尔蒂斯坦及中国喀什地区脆弱性等级较低。

（3）从气象水文灾害综合风险的空间分布来看，高风险区主要位于旁遮普省、信德省及开伯尔-普赫图赫瓦省等地区；而中低风险区主要位于中国喀什、俾路支省及吉尔吉特-巴尔蒂斯坦等地区；从不同等级综合风险面积占比来看，低风险区>高风险区>中风险区>中低风险区。

在构建中巴经济走廊气象水文灾害综合风险评估框架时，尽管评估指标具有一定的代表性和合理性，但因减灾能力数据的可获取性，未考虑该地区的应急减灾能力，使得评估指标不太全面，可能会在一定的程度上影响风险评估结果的准确性。未来可以在获取政府、企业与社会、基层和家庭减灾能力调查数据后，选取更多的评价指标，优化风险评估框架。本书的最小研究单元为省级行政区，今后可以将最小研究单元细化到县或者乡镇一级，进而提高风险评估结果的准确性，为政府应急政策的制订提供更加科学的指导。

参 考 文 献

[1] Im E S, Pal J S, Eltahir E A B. Deadly heat waves projected in the densely populated agricultural regions of South Asia[J]. Science Advances, 2017, 3(8): e1603322.

[2] Potapov P, Turubanova S, Hansen M C, et al. Global maps of cropland extent and change show accelerated cropland expansion in the twenty-first century[J]. Nature Food, 2022, 3: 19-28.

[3] 王会军, 唐国利, 陈海山, 等. "一带一路"区域气候变化事实、影响及可能风险[J]. 大气科学学报, 2020, 43(1): 1-9.

[4] 史培军, 吕丽莉, 汪明, 等. 灾害系统: 灾害群、灾害链、灾害遭遇[J]. 自然灾害学报, 2014, 23(6): 1-12.

[5] Wang J, Chen Y, Liao W, et al. Anthropogenic emissions and urbanization increase risk of compound hot extremes in cities[J]. Nature Climate Change, 2021, 11: 1084-1089.

[6] Raymond C, Horton R M, Zscheischler J, et al. Understanding and managing connected extreme events[J]. Nature Climate Change, 2020, 10: 611-621.

[7] Freychet N, Hegerl G, Mitchell D, et al. Future changes in the frequency of temperature extremes may be underestimated in tropical and subtropical regions[J]. Communications Earth & Environment, 2021, 2: 28.

[8] Zscheischler J, Westra S, van den Hurk B J J M, et al. Future climate risk from compound events[J]. Nature Climate Change, 2018, 8: 469-477.

[9] Yin J B, Slater L, Gu L, et al. Global increases in lethal compound heat stress: Hydrological drought hazards under climate change[J]. Geophysical Research Letters, 2022.

[10] 薛晔, 陈报章, 黄崇福, 等. 多灾种综合风险评估软层次模型[J]. 地理科学进展, 2012, 31(3): 353-360.

[11] 牟笛, 陈安. 中国区域自然灾害综合风险评估[J]. 安全, 2020, 41(12): 23-26.

[12] 明晓东, 徐伟, 刘宝印, 等. 多灾种风险评估研究进展[J]. 灾害学, 2013, 28(1): 126-132.

[13] UNEP. Agenda 21: Programme of action for sustainable development[C]. Rio de Janerio: UNSD, 1992. https://sustainabledevelopment.un.org/content/documents/Agenda21.pdf.

[14] UNISDR. Hyogo Framework for Action 2005-2015: Building the Resilience of Nations and Communities to Disasters[R]. Hyogo: World Conference on Disaster Reduction, 2005.

[15] ICSU. A science plan for integrated research on disaster risk: Addressing the challenge of natural and human-induced environmental hazard[C]. Paris: Proceedings of the International Council for Science, 2008.

[16] Munich Re. Topics: Annual review, natural catastrophes 2002[R]. Munich, Germany, 2002.

[17] Schneider P J, Schauer B A. 2006. HAZUS-Its Development and Its Future[J]. Natural Hazards Review, 2002, 7(2): 40-44.

[18] 潘晓红, 贾铁飞, 温家洪, 等. 多灾害损失评估模型与应用述评[J]. 防灾科技学院学报, 2009, 11(2): 77-82

[19] European Spatial Planning Observation Network. Territorial Dynamics in Europe: Natural Hazards and Climate Change in European Regions[R]. Kirchberg, Luxembourg: The ESPON 2013 Programme, 2013.

[20] 王军, 李梦雅, 吴绍洪. 多灾种综合风险评估与防范的理论认知: 风险防范"五维"范式[J]. 地球科学进展, 2021, 36(6): 553-563.

[21] 殷杰, 尹占娥, 许世远, 等. 多灾种自然灾害综合风险评估研究进展[C]. 长春: 中国灾害防御协会风险分析专业委员会第四届年会, 2010.

[22] Tilloy A, Malamud B D, Winter H, et al. A review of quantification methodologies for multi-hazard interrelationships[J]. Earth-Science Reviews, 2019, 196: 102881.

[23] 盖程程, 翁文国, 袁宏永. 基于 GIS 的多灾种耦合综合风险评估[J]. 清华大学学报(自然科学版), 2011, 51(5): 627-631.

[24] 王望珍, 张可欣, 陈瑶. 基于 GIS 的神农架林区多灾种耦合综合风险评估[J]. 湖北农业科学, 2018, 57(5): 49-54, 110.

[25] 陈金雨, 陶辉, 翟建青, 等. 中巴经济走廊极端高温事件风险评估[J]. 自然灾害学报, 2022, 31(4): 65-74.

[26] 李涛, 陶辉, 陈金雨. 中巴经济走廊极端低温事件风险评估[J]. 气候变化研究进展, 2022, 18(3): 343-354.

[27] 吴瑞英, 孙怀卫, 严冬, 等. 基于格网数据和博弈论组合赋权的中巴经济走廊洪灾风险评价[J]. 农业工程学报, 2021, 37(14): 145-154.

[28] United Nations Development Programme. Human Development Report 2021/2022[R]. New York: UNDP, 2022.

[29] 陈金雨, 陶辉, 刘金平. 1961—2015 年中巴经济走廊逐日气象数据集[J]. 中国科学数据,

2021, 6(2): 229-238.

[30] 王世金. 青藏高原多灾种自然灾害综合风险评估与管控[M]. 北京: 科学出版社, 2021.

[31] 李树清, 颜智, 段瑜. 风险矩阵法在危险有害因素分级中的应用[J]. 中国安全科学学报, 2010, 20(4): 83-87.

[32] 阮欣, 尹志逸, 陈爱荣. 风险矩阵评估方法研究与工程应用综述[J]. 同济大学学报(自然科学版), 2013, 41(3): 381-385.

[33] 张弢, 慕德俊, 任帅, 等. 一种基于风险矩阵法的信息安全风险评估模型[J]. 计算机工程与应用, 2010, 46(5): 93-95.

[34] 谈立峰, 郝东平, 孙槟陵, 等. 综合应用风险矩阵法与 Borda 序值法评价区域性大型活动公共卫生突发事件风险[J]. 环境与职业医学, 2012, 29(9): 556-560.

[35] 朱启超, 匡兴华, 沈永平. 风险矩阵方法与应用述评[J]. 中国工程科学, 2003, 1: 89-94.

[36] Garvey P R, Lansdowne Z F. Risk matrix: An approach for identifying, assessing, and ranking program risks[J]. Air Force Journal of Logistics, 1998, 22(1): 18-21.

第9章　中巴经济走廊气象水文灾害防御对策和建议

20世纪中叶以来，温室气体和气溶胶排放造成了以气候变暖为主要特征的全球气候系统的显著变化，暴雨、高温热浪、干旱、洪水等气象水文灾害事件发生的频率和幅度均大幅增加，严重影响了人类社会经济发展[1-5]。气象水文灾害已成为国际关注的重大议题，更是17个联合国可持续发展目标（SDGs）之一[6,7]。政府间气候变化专门委员会（IPCC）在第4~6次评估报告中均对全球气象水文灾害事件进行了重要分析和判断[8]，其中IPCC最新发布的《2021年气候变化：自然科学基础》报告单独设立了"气候变化中的极端天气事件"一章，全面和系统地评估了极端事件变化，包括极端温度、强降水、干旱、极端风暴、复合极端事件等，内容涉及物理机制和驱动因子、观测的变化趋势、模式模拟能力评估、检测与归因及未来变化预估等，首次凸显气象水文灾害事件是全球变暖的重要威胁[9]。实际上，气象水文灾害已经成为社会和经济可持续发展的重要制约因素，作为当前人类面临的最大全球风险之一，国内外科研组织和机构积极开展了气象水文灾害事件的风险识别与评估[10-15]。由北京师范大学和应急管理部等单位最新发布的《2021年全球自然灾害评估报告》显示，与过去30年（1991~2020年）均值相比，2021年全球自然灾害总频次偏多13%，死亡人口偏少81%，受灾人口偏少48%，但直接经济损失偏多82%。其中，全球洪水灾害最为频繁，比30年均值偏多48%，造成的死亡人口最多，但较30年均值偏少35%；风暴灾害造成的直接经济损失最大，较30年均值偏多133%。2021年亚洲自然灾害的发生频次和因灾死亡人口均居各洲之首，北美洲均位列第二；北美洲因灾直接经济损失最高、欧洲次之；发展中国家较发达国家受自然灾害影响更为严重，主要影响灾种为洪水、风暴和极端气温[16]。

大量灾害管理与减灾实践表明：人类在无法控制自然灾害发生甚至还不能完全准确地对自然灾害进行预报和预警的条件下，运用对自然灾害风险的评估，了解不同尺度下的自然灾害风险分布，辨识高风险区，不但可以为各级政府更为有效地指导防灾与备灾工作，进而减少灾害损失提供科学的依据；而且可以更为有效地对自然灾害的发生进行早期预警，进而更为明确地指导各级政府的抗灾和救灾工作；同时对于各级政府编制、完善与实施自然灾害应急预案，增强对自然灾害的应急管理能力，提高对自然灾害应急救助管理的科学性等，也具有极为重要的意义[17]。随着中巴经济走廊建设的持续推进，更多的工程设施将在中巴经济走廊布局、规划与建设，在自然因素和人类活动扰动的加强作用下，气象水文灾害活动将呈现更为活跃的趋势，这意味着灾害风险的不断增大，对工程安全、民生保障及区域发展造成双重影响。实际上，大量研究已经表明，未来极端天气气候事件的变化将进一步加剧气象水文灾害风险[18-24]。世界经济论坛（WEF）2022年初发布的《全球风险报告》指出：气候行动失败和社会危机已成为2022年度全球主要风险[25]。随着人类进入抗击新冠疫情的第三年，气候风险愈发成为国际社会关注的首要问题。当前，全球变暖背景叠加拉尼娜事件，南亚地区气候异常加剧，极端天气气候事件发生更加频繁、气象水文灾害更加严重，灾害风险进一步加大。鉴于此，揭示该区域气象水文灾害时空演变特征及其风险，对有效应对特别是适应未来气候变化，具有十分重要的科学意义；同时也对国家"一带一路"倡议的顺利实施具有十分重要的现实意义。

目前，气象水文灾害风险的系统评估还没有一个成熟的普遍实用的理论模型，大多数研究是充分借鉴比较成熟的地质灾害风险评估的理论与方法。近年来，联合国政府间气候变化专门委员会（IPCC）、联合国减少灾害风险办公室（UNDRR）和世界银行下设的全球减灾与恢复基金（GFDRR）等全球合作组织均将极端气候事件风险看作是危险性、暴露度和脆弱性的组合[26]。实际上，不同类型的气象水文灾害有着不同的孕灾环境，因此不同类型气象水文灾害的风险指标不完全相同，且不同的风险指标在风险评估中的作用大小也是不同的。鉴于此，本书通过气象水文观测、灾害统计年鉴、全球气候模式、地理信息、社会经济等多源数据，依据气象水文灾害标准，揭示了中巴经济走廊暴雨、高温、低温、干旱及洪水灾害的时空演变特征；基于IPCC提出的气象水文灾害危险性、暴露度和脆弱性的"H-E-V"灾害风险评估框架及格网化的中巴经济走廊社会经济数据，采用多种权重计算方法（AHP、熵权法、IFAHP、CRITIC等）开展了中巴经济走廊气象水文灾害风险评估。评估结果表明：中巴经济走廊地区气象水文灾害风险具有明显的空间异质性。暴雨和干旱灾害的高风险区主要分布在旁遮普省和信德省；高温灾害的高风险区域主要分布在信德省；低温灾害的高风险区主要分布在中国喀什地区；而洪水灾害的高风险区域则主要分布在印度河沿岸人口聚居区域。从各灾种高（较高）风险区域面积占比来看，洪水>暴雨>干旱>高温>低温。从低（较低）风险区域面积占比来看，低温>高温>暴雨>干旱>洪水。随着全球气候变化和人类活动影响的进一步加剧，该地区气象水文灾害风险和损失将进一步加剧。

上述研究成果的基础数据主要来源于气象水文观测数据、灾害统计年鉴、EM-DAT灾难数据，部分评估指标主要基于社会经济数据应用中心（SEDAC）、已发布数据集及常用卫星遥感数据网站，并经过多次验证，兼具合理性和全面性。灾害风险评估结果通过实证和同各灾种的研究结果交叉验证，结果表明本书的危险性、暴露度、脆弱性和风险评估结果均与历史典型重大气象水文灾害事件的发生时间和范围高度吻合，同时在不同时空尺度上能更精细反映气象水文灾害事件影响程度。尽管评估结果具有一定的科学性和可靠性，但在构建中巴经济走廊孕灾环境、危险性、脆弱性和防灾减灾能力评估模型时，由于统计数据限制或者资料欠缺，有些指标（如综合减灾能力评价指标）很难量化，导致指标因子不全面。同时，本书在灾害风险评估过程中未考虑承灾体暴露度和脆弱性的动态变化，只给出了静态的灾害风险评估结果，可能会在一定程度上影响风险评估结果的准确性。实际上，2016 年全球减灾和恢复基金（GFDRR）发布的报告就呼吁采用全新方法来开展灾害风险评估，该方法需要考虑全球灾害风险的快速变化[27]。因此，未来灾害风险评估的范式需要向动态风险评估转变，不易量化的气象水文灾害风险因素在评估中如何体现，还有待进一步研究。此外，本书以省级行政区为最小评估单元，实际上灾害风险区划所涉及的行政区域越小越好，如果行政区划精确到乡镇乃至村，风险评估结果的准确性和应用价值就会更高。

最新发布的 IPCC 第六次评估报告（AR6）指出，未来全球绝大部分有人口居住的地方都将出现更多、更强、更持久的极端高温和干旱；极端降水强度随全球变暖的增幅约为 7%/℃，但会根据增暖及环流变化产生一定的区域差异；与极端降水关联紧密的城市雨洪和山洪等骤发性洪涝灾害也将变得更加频繁和严重，且流域洪水在不同地区增加的区域将多于减少的区域。值得警惕的是，未来极端气温、降水、干旱等事件表现出依赖于事件极端程度的非均匀变化特征，这种非均匀变化会导致未来极端事件变得更加反复无常。同时，"小概率、高影响"事件将更容易出现，从而大大增加防范极端气候风险的挑战[9,28]。然而，中巴经济走廊地区社会经济发展较为落后，大部分地区气象监测设施老旧，站点稀少且空间分布不均，整体气象水文监测预报能力严重不足，应对气候变化和气象防灾减灾的能力更加薄弱。随着中巴经济走廊建设的快速推进，该地区防灾减灾服务需求迅速增长，气象水文灾害防御能力不足的矛盾更加凸显。辨识全球变化背景下该地区各类气象水文灾害的成因和致灾机制，提升气象水文灾害防御和应对处置能力迫在眉睫。鉴于此，为增强中巴经济走廊气象水文灾害防御能力建设，提出以下具体建议。

（1）加快中巴经济走廊地区气象水文监测站网体系建设，构建区域气象水文灾害预报预警系统，提升防灾减灾综合能力。针对中巴经济走廊重点城市、主要交通线、重要能源管线、重大基础建设等，系统规划和建设中巴经济走廊地区重大气象水文灾害监测系统，采用通用标准建设覆盖中巴经济走廊地区的气象水文监测站网，实现精密监测、精准预报、精细服务，提升防灾减灾综合能力。监测站网体系建设是该地区防灾减灾的基础举措，是减轻该区域气象水文灾害风险的首要条件。

（2）中巴经济走廊沿线的大型工程建设设计须考虑气候变化影响，提高气象水文灾害防范等级和设计标准。未来该地区气象水文灾害风险将进一步加剧，对中巴经济走廊建设和安全运行影响较大。水电、石油、桥梁、公路、铁路、航运等重大工程的防洪、防雪、防风等灾害防御等级标准都应提高，相关部门和建设单位应及时关注和重视气象预警，加强气象灾害防范并及时维护。在瓜达尔港建设中，应考虑未来海平面上升和热带气旋增加等因素，在排水系统设计和港口设施防风等级等方面提高标准。

（3）统一和集成现有灾害治理技术、标准和规范。中巴经济走廊地区受自然灾害威胁的区域面积广阔，灾害点比较分散，亟须发展空-天-地立体、全天候的监测预警方法。建议通过系统的防灾减灾关键技术转移和示范项目建设带动，将我国成熟的防灾减灾技术移植、推广到中巴经济走廊地区，并制定气象水文灾害防御条例及配套法规，制定涉及气象水文灾害普查、气象水文灾害风险评估、综合减灾能力等各个方面的标准和规范。

（4）大力提升沿线地区防灾减灾综合能力。中巴经济走廊沿线面临的区域气象水文灾害风险，尤其是在发生跨国巨灾时，以一国之力难以处置。因此，亟须在风险管理、治理方面，建立中巴两国综合防灾减灾的协调和信息共享机制，通过两国间的互相借鉴，提升沿线地区综合防灾减灾能力。比如，定期组织开展沿线地区综合防灾减灾培训和区域性灾害风险治理会议，定期开展跨国救灾演练，及时制定适合本区域的综合防灾减灾救灾预案等，完善气象水文灾害的防御体系建设。

（5）加强合作交流，在互相尊重的条件下开展恰当的防灾减灾互助合作。防灾减灾国际合作的特殊性在于在特定情况下可能需要军事资源参与救援。这种特殊性增加了不同国家参与防灾减灾国际合作的顾虑。推进中巴经济走廊沿线防灾减灾国际合作，还需要进一步增强中巴两国之间的政治互信，尊重共建"一带一路"国家和地区的社会、经济、文化、宗教信仰，强调防灾减灾的人道主义救援民事性质，规范两国在合作过程中遵守国际法，在尊重受灾国意愿的基础上开展各项工作。通过防灾减灾上的沟通互助，促进共建"一带一路"国家和地区间的人文交流，实现中巴经济走廊地区人民的互联互通。气象水文灾害防御涉及不同国家和社会的各个方面，需要加强两国和社会的通力合作，建立健全气象水文灾害防御工作指挥机构，研究解决重大问题，做好协调工作，落实有关政策。

（6）加大公众气象水文防灾减灾宣传教育力度。建立气象水文防灾减灾宣传教育长效机制，将减灾教育纳入公民义务教育体系之中，通过宣传教育，使气象水文灾害高风险区、频发区群众增强防御意识，了解灾害的成因及防御办法和措施效果、规范行为，尽可能避免人为因素增大灾害的损失，使人民群众熟悉预警信号和应急处理办法，明确在灾害防御过程中应尽的职责，熟悉转移路线和方案。通过提高中巴经济走廊地区民众防御气象水文灾害的意识和能力，提高气象水文防灾减灾水平。此外，应提高从事气象水文灾害防御相关工作人员的专业素质和技能，充分发挥气象灾害监测预警与应急系统的建设效益，防御和减轻气象水文灾害对该区域经济和民众造成的损失。

（7）提高气象灾害应急处置能力，建立健全气象灾害应急救援体系。借鉴欧美国家先进气象水文灾害防治经验，完善应急响应工作机制，形成科学决策、统一指挥、分级管理、反应灵敏、运转高效的气象灾害应急救援体系。借鉴国外的经验，强化气象防灾减灾的人才培养和队伍建设。加强气象灾害防御工作的组织领导和宣传教育。借鉴日本等国设立全国性的防灾教育日、成立防灾教育中心等做法。气象防灾减灾是世界性的话题，离不开国际合作，应加强气象水文防灾减灾国际交流与合作。气象水文防灾减灾关系千家万户，关系中巴经济走廊地区社会稳定和发展大局。应借鉴国外的经验，同时落实自身的防治措施，做好气象水文灾害防灾减灾工作，为实现中巴经济走廊地区气象水文灾害防治水平的提高而不懈努力。

（8）加强气候适应投资与建设，构建气候适应型社会。全球变化背景下，气候变化对社会造成的后果比我们预期的更为强力和迅速，中巴经济走廊面临的洪水、高温、干旱、冰川-积雪-冻融灾害风险持续加剧，加强气候适应投资与建设迫在眉睫。应采取一些预防性措施（如改善灌排系统，发展水电、光伏等可再生能源项目等），推动能源低碳转型，探索气候变化适应性策略，提高全社会的气候韧性，构建气候适应型社会。

参　考　文　献

[1] Marvel K, Cook B I, Bonfils C J W, et al. Twentieth-century hydroclimate changes consistent with human influence[J]. Nature, 2019, 569: 59-65.

[2] Paron P, Shroder J F, Baldassarre G D. Hydro-Meteorological Hazards, Risks, and Disasters. 2nd ed[M]. Amsterdam: Elsevier, 2023.

[3] James R, Otto F, Parker H, et al. Characterizing loss and damage from climate change[J]. Nature

Climate Change, 2014, 4: 938-939. https://doi.org/10.1038/nclimate2411.

[4] 王毅, 张晓美, 周宁芳, 等. 1990—2019 年全球气象水文灾害演变特征[J]. 大气科学学报, 2021, 44(4): 496-506.

[5] Goyal M K, Gupta A K, Gupta A. Hydro-Meteorological Extremes and Disasters[M]. Singapore: Springer, 2022.

[6] United Nations Department of Economic and Social Affairs. The Sustainable Development Goals Report 2021[R]. New York: United Nations, 2021.

[7] 黄磊, 贾根锁, 房世波, 等. 地球大数据支撑联合国可持续发展目标: 气候变化与应对[J]. 中国科学院院刊, 2021, 36(8): 923-931.

[8] 刘俊国, 陈鹤, 田展. IPCC AR6 报告解读: 气候变化与水安全[J]. 气候变化研究进展, 2022, 18(4): 405-413.

[9] 周波涛, 钱进. IPCC AR6 报告解读: 极端天气气候事件变化[J]. 气候变化研究进展, 2021, 17(6): 713-718.

[10] Sahani J, Kumar P, Debele S, et al. Hydro-meteorological risk assessment methods and management by nature-based solution[J]. Science of the Total Environment, 2019, 696: 133936.

[11] Edwards T L, Challenor P G. Risk and Uncertainty in Hydrometeorological Hazards[M]. Cambridge: Cambridge University Press, 2013: 100-150.

[12] Price J, Warren R, Forstenhäusler N, et al. Quantification of meteorological drought risks between 1.5℃ and 4℃ of global warming in six countries[J]. Climatic Change, 2022, 174: 12.

[13] 贺山峰. 气候变化背景下中国主要水文气象灾害风险评估[D]. 北京: 中国科学院研究生院, 2010.

[14] 秦大河, 张建云, 闪淳昌, 等. 中国极端天气气候事件和灾害风险管理与适应国家评估报告[M]. 北京: 科学出版社, 2015.

[15] United Nations Office for Disaster Risk Reduction. Global assessment report on disaster risk reduction 2022: Our world at risk: transforming governance for a resilient future[R]. Geneva, Switzerland: UNDRR, 2022.

[16] 杨林. 北师大国家安全与应急管理学院杨赛霓教授团队组织编写的《2021 年全球自然灾害评估报告(中文摘要)》正式发布[EB/OL]. (2022-05-13). https://news.bnu.edu.cn/zx/xzdt/127699.htm.

[17] 李大卫, 石树中, 杨福平, 等. 自然灾害风险评估综述[J]. 价值工程, 2014, 26: 322-325.

[18] Wang J, Chen Y, Tett S, et al. Anthropogenically-driven increases in the risks of summertime compound hot extremes[J]. Nature Communications, 2020, 11: 528.

[19] García-León D, Casanueva A, Standardi G, et al. Current and projected regional economic impacts of heatwaves in Europe[J]. Nature Communications, 2021, 12: 5807.

[20] Zscheischler J, Westra S, van den Hurk B J J M, et al. Future climate risk from compound events[J]. Nature Climate Change, 2018, 8: 469-477.

[21] Kreibich H, Van Loon A F, Schröter K, et al. The challenge of unprecedented floods and

droughts in risk management[J]. Nature, 2022, 608: 80-86.

[22] Pfahl S, O'Gorman P, Fischer E. Understanding the regional pattern of projected future changes in extreme precipitation[J]. Nature Climate Change, 2017, 7: 423-427.

[23] Carrão H, Naumann G, Barbosa P. Global projections of drought hazard in a warming climate: A prime for disaster risk management[J]. Climate Dynamics, 2018, 50: 2137-2155.

[24] Kraaijenbrink P D A, Bierkens M F P, Lutz A F, et al. Impact of a global temperature rise of 1.5 degrees Celsius on Asia's glaciers[J]. Nature, 2017, 549: 257-260.

[25] World Economic Forum. The Global Risks Report 2022[R]. Geneva: Switzerland: WEF, 2022.

[26] 葛咏, 李强子, 凌峰, 等. "一带一路" 关键节点区域极端气候风险评价及应对策略[J]. 中国科学院院刊, 2021, 36(2): 170-178.

[27] GFDRR. The Making of A Riskier Future: How Our Decisions are Shaping Future Disaster Risk [R]. Washington DC: GFDRR, 2016.

[28] Zhou T J. New physical science behind climate change: What does IPCC AR6 tell us? [J]. The Innovation, 2021, 2(4): 100173.

附录 1 缩 略 词

缩写	外文名称	中文名称
AGA-AHP	analytic hierarchy process based on accelerating genetic algorithm	加速遗传算法的层次分析法
AHP	analytic hierarchy process	层次分析法
ANUSPLIN	Australian National University Spline	澳大利亚国立大学插值软件
ANN	artificial neural network	人工神经网络
AR6	Sixth Assessment Report of IPCC	IPCC 第六次评估报告
AVHRR	advanced very high resolution radiometer	超高分辨率辐射计
CHIRPS	climate hazards group infrared precipitation with station data	气候灾害组红外线降雨监测影像与站点融合数据
CPC	Climate Prediction Center	美国气候预测中心
CPEC	China-Pakistan Economic Corridor	中巴经济走廊
CMA	China Meteorological Administration	中国气象局
CMIP	Coupled Model Intercomparison Project	耦合模式比较计划
CMORPH	Climate Prediction Center morphing technique	美国气候预测中心卫星反演降水数据
CRED	Centre for Research on the Epidemiology of Disasters	灾害流行病学研究中心
CRITIC	criteria importance though intercrieria correlation	客观赋权法
CSDI	cold spell duration index	持续冷日日数
DFA	detrend fluctuation analysis	去趋势波动分析
DOE	United States Department of Energy	美国能源部
DRI	disaster risk index	灾害风险指标
EM-DAT	emergency events database	紧急灾难数据库
ENSO	El Niño-Southern oscillation	厄尔尼诺-南方涛动
ESPON	European Spatial Planning Observation Network	欧洲空间规划观测网
ETCCDI	Expert Team on Climate Change Detection and Indices	气候变化检测和指数联合专家组
FAO	Food and Agriculture Organization of the United Nations	联合国粮食及农业组织
FD	frost days	霜冻日数
FEMA	Federal Emergency Management Agency	美国联邦应急管理局
FFC	Federal Flood Commison	巴基斯坦联邦洪水委员会
GCM	general circulation models	大气环流模式

续表

缩写	外文名称	中文名称
GDP	gross domestic product	国内生产总值
GIMMS	global inventory modelling and mapping studies	全球库存建模和绘图研究
GPW	gridded population of the world	世界网格人口数据集
gROADS	global roads open access data set	全球公路开放获取数据集
GFDRR	Global Facility for Disaster Reduction and Recovery	全球减灾与恢复基金
GHCN	Global Historical Climatology Network	全球历史气候网
GPCC	Global Precipitation Climatology Centre	全球降水气候学中心
HAZUS-MH	hazard United States-multi hazard	美国多灾种自然灾害风险评估软件
IAD	intensity-area-duration	强度-面积-持续时间
ICSU	International Council for Science	国际科学理事会
ICWGT	improved combination weighting method of game theory	改进博弈论组合赋权法
IDW	inverse distance weighted	反距离加权
IPCC	Intergovernmental Panel on Climate Change	政府间气候变化专门委员会
KNN	K-nearest neighbor	K 最邻近法
IFAHP	intuitionistic fuzzy analytic hierarchy process	直觉模糊层次分析法
ISIMIP	The Inter-Sectoral Impact Model Intercomparison Project	部门间影响模型比对项目
MSWEP	multi-source weighted-ensemble precipitation	多源加权集成降水数据集
MODIS	moderate-resolution imaging spectroradiometer	中分辨率成像光谱仪
NASA	National Aeronautics and Space Administration	美国国家航空航天局
NCEP	National Centers for Environmental Prediction	美国国家环境预测中心
NDMA	The National Disaster Management Authority	巴基斯坦国家灾害管理局
NDMC	①National Drought Monitoring Centre ②National Drought Mitigation Center	①巴基斯坦国家干旱监测中心 ②美国国家干旱减灾中心
NDVI	normalized difference vegetation index	归一化植被指数
NHA	National Highway Authority	巴基斯坦国家公路局
OITREE	objective identification technique for regional extreme events	极端事件客观识别法
PDE	population-development-environment model	人口-发展-环境模型
PGFMD	Princeton Global Meteorological Forcing Dataset for Land Surface Modeling	普林斯顿全球强迫数据集
PMD	Pakistan Meteorological Department	巴基斯坦气象局
scPDSI	self-calibrated Palmer drought severity index	自适应帕尔默干旱指数
PWP	Pakistan Weather Portal	巴基斯坦天气门户网站
PVI	physical vulnerability index	普适脆弱性指数

续表

缩写	外文名称	中文名称
RCP	representative concentration pathways	典型浓度路径
SCS	Soil Conservation Service	美国水土保持局
SDGs	sustainable development goals	可持续发展目标
SEDAC	Socioeconomic Data and Applications Center	社会经济数据应用中心
SoVI	social vulnerability index	社会脆弱性指数
SPI	standardized precipitation index	标准化降水指数
SPEI	standardize precipitation evaporation index	标准化降水蒸散发指数
SREX	Managing the Risks of Extreme Events and Disasters to Advance Climate Change Adaptation	《管理极端事件和灾害风险、推进气候变化适应》特别报告
SRTM	The Shuttle Radar Topography Mission	航天飞机雷达地形测绘计划
SSP	shared socioeconomic pathway	共享社会经济路径
SVM	support vector machine	支持向量机
UNDRR	United Nations Office for Disaster Risk Reduction	联合国减少灾害风险办公室
UNOCHA	The United Nations Office for the Coordination of Humanitarian Affairs	联合国人道主义事务协调办公室
USDA	United States Department of Agriculture	美国农业部
USGS	United States Geological Survey	美国地质调查局
WAPDA	Water and Power Development Authority	巴基斯坦水电发展署
WEF	World Economic Forum	世界经济论坛
WMO	World Meteorological Organization	世界气象组织
WWF	World Wildlife Fund	世界自然基金会

附录 2 算 法 函 数

1. 主观赋权法（AHP）Matlab 函数

```
function [CI,CR,w]=AHP(M)
%---------------------------- 判断矩阵调试程序
% disp('输入判断矩阵M');% 显示提示性字符串
% M=input('M=');% 要求输入判断矩阵
RC=[0.0 0.0 0.58 0.90 1.12 1.24 1.32 1.41 1.45 1.49 1.51];
[n,n]=size(M);
[U,V]=eig(M);% 计算判断矩阵的特征向量和特征值
lambda=max(max(V));% 找出最大特征值
r=max(V);% 给出最大特征值所在的行
c=find(r==max(r));% 给出最大特征值所在的列
u=U(:,c);% 最大特征值对应的特征向量
w=u/sum(u);% 特征向量归一化
CI=(lambda-n)/(n-1);% 计算判断一致性系数
CR=CI/(RC(n));% 计算判断一致率
disp('最大特征值lambda=');disp(lambda);
disp('权重向量w=');disp(w);
if CR<0.10    % 一致性检验
    disp('判断矩阵的一致性检验通过！')
    disp('CI=');disp(CI);
    disp('CR=');disp(CR);
else
    disp('一致性检验不通过！请调整判断矩阵的数值,或者重构判断矩阵');
end
```

2. 客观赋权法（熵权法）Matlab 函数

```
function weights = EntropyWeight(R)
% 熵权法求指标权重,R为输入矩阵,返回权重向量weights
[rows,cols]=size(R);% 输入矩阵的大小,rows为对象个数,cols为指标个数
k=1/log(rows);          %求k
f=zeros(rows,cols);     % 初始化fij
sumBycols=sum(R,1);     % 输入矩阵的每一列之和(结果为一个1*cols的行向量)
% 计算fij
for i=1:rows
    for j=1:cols
        f(i,j)=R(i,j)./sumBycols(1,j);
    end
end


lnfij=zeros(rows,cols); % 初始化lnfij
% 计算lnfij
for i=1:rows
    for j=1:cols
        if f(i,j)==0
            lnfij(i,j)=0;
        else
            lnfij(i,j)=log(f(i,j));
        end
    end
end
Hj=-k*(sum(f.*lnfij,1)); % 计算熵值Hj
weights=(1-Hj)/(cols-sum(Hj));
end
```

3. AHP 和熵权法组合赋权 Matlab 函数

```
function [w]=AHP_SQ(AHP_w, SQ_w)
% 计算主观权重AHP与客观权重熵权法的组合权重
```

```
d_square=0.5*sum((AHP_w-SQ_w).^2);
syms x y
eq1=(x-y)^2==d_square;
eq2=x+y==1;
[x,y]=solve(eq1,eq2);
x=double(x(1));% 系数α
y=double(y(1));% 系数β
w=x*AHP_w+y*SQ_w;% 组合权重
```

4. 高温事件识别 Matlab 代码

```
clc; clear
load CPEC_TMAX61_15.mat
%去除高寒山区（格点年均最高气温<研究区平均最高气温）
a=mean(CPEC_TMAX61_15);
b=mean(a);n=find(a<b);clear a b
CPEC_TMAX61_15(:,n)=[];grid(n,:)=[];
time=NYR(1961,2015);
tic
[LON,LAT,TMAX]=raw2matrix(grid(:,2),grid(:,1),CPEC_TMAX61_15);toc
 %挑选出6-8月的数据，计算95th阈值
j=1;
for i=1961:2015
    n=find(time(:,1)==i&time(:,2)>=6&time(:,2)<=8);
    data=TMAX(:,:,n);
    p(:,:,j)=prctile(data,95,3);% 逐年阈值
    j=j+1;
end
p95=mean(p,3);  %多年平均值
%预处理：剔除小于a0的极端高温事件
data=TMAX;
a0=25000;%设置高温事件的最小面积阈值
[data1]=pre_run(data,LAT,LON,p95,a0,0.25);%剔除小于a0的极端高温事件
```

```
%识别极端高温事件
% 输入：data1-预处理之后的面数据，LAT*LON*time
%       p95-阈值
%       time-年月日
%       d-持续天数
%       r-栅格分辨率
% 输出：tmax_event-每年发生的所有极端高温事件
%       day-持续d天的极端高温事件
%       days-持续ds天及以上的极端高温事件
%       每一行分别为：LAT、LON、TMAX、开始时间、
%结束时间、格点影响面积（去了重复点）、总影响面积
%识别1961-2015年持续3天及以上的高温事件
tic
[tmax_event3,    day3,    days3]    =id_tmax    (data1,    LAT,    LON,    p95,
time,3,0.25);toc
%% 识别每一年持续3d或3d以上的极端高温事件
clc;tic
j=1;
for i=1961:2015
    a=data1(:,:,time(:,1)==i);
T=time(time(:,1)==i,:);
[tmax_event31, day31, days31] =id_tmax (a, LAT, LON, p95, T, 3,0.25);
b{j,1}=tmax_event31;b{j,2}=day31;b{j,3}=days31;% 每一年的
    j=j+1;
end
toc
```